DIE MACHERINNEN

Miriam Wohlfarth | Nina Pütz

DIE MACHERINNEN

So geht Unternehmen!

Campus Verlag
Frankfurt/New York

ISBN 978-3-593-51545-8 Print
ISBN 978-3-593-45020-9 E-Book (PDF)
ISBN 978-3-593-45021-6 E-Book (EPUB)

Das Werk einschließlich aller seiner Teile ist urheberrechtlich geschützt. Jede Verwertung ist ohne Zustimmung des Verlags unzulässig. Das gilt insbesondere für Vervielfältigungen, Übersetzungen, Mikroverfilmungen und die Einspeicherung und Verarbeitung in elektronischen Systemen.
Trotz sorgfältiger inhaltlicher Kontrolle übernehmen wir keine Haftung für die Inhalte externer Links. Für den Inhalt der verlinkten Seiten sind ausschließlich deren Betreiber verantwortlich.
Copyright © 2022. Alle Rechte bei Campus Verlag GmbH, Frankfurt am Main.
Umschlaggestaltung: Guido Klütsch, Köln
Umschlagmotiv: © Stephan Redel (www.stephanredel.com)
Satz: DeinSatz Marburg UG | tn
Gesetzt aus der Minion und der Myriad Pro
Druck und Bindung: Beltz Grafische Betriebe GmbH, Bad Langensalza
Beltz Grafische Betriebe ist ein klimaneutrales Unternehmen (ID 15985-2104-1001).
Printed in Germany

www.campus.de

Inhalt

Prolog 7

#bildung 11

#vorbilder 25

#gründerzeit 47

#finanzierung 71

#kommunikation 87

#recruiting 101

#diversity 121

#leadership 137

#change 163

#krise 183

#innovationen 201

#abindiezukunft 219

Die Autorinnen 227

Prolog

(K)Eine Anleitung zum Unternehmertum – und was unsere Kindheit, Vorbilder und das Leben damit zu tun haben

Uns beiden Autorinnen gemeinsam ist: Wir haben Karriere gemacht. Die eine sehr zielstrebig zunächst im Konzern, die andere sehr leidenschaftlich als Gründerin. Aber wenn Sie uns jetzt fragen, wie es dazu gekommen ist, können wir heute und im Rückblick dazu sagen: Das eine hat das andere ergeben, und vieles lief völlig ungeplant. Und doch haben wir wohl einiges richtig gemacht, haben die richtigen Vorbilder gehabt und richtige Entscheidungen getroffen – auch einige falsche, wie dieses Buch zeigen wird. Eigentlich lag die Idee zu einem gemeinsamen Aufschlag also auf der Hand – konkret wurde sie für uns in unserer Übergabephase, als Miriam Ratepay verließ und Nina an Bord kam. In dieser Zeit stellten wir in unseren zahlreichen Gesprächen fest: Wir haben eine ganze Menge gemeinsam.

Wie sich alles genau entwickelt hat und was all unsere Schritte und Erfahrungen, gute wie schlechte, mit dem Unternehmen, mit unserem Unternehmen der Zukunft zu tun haben, haben wir mit diesem Buch für Sie aufgeschrieben. Herausgekommen ist kein üblicher Praxisleitfaden, sondern eine wohldosierte Mischung aus persönlichen Geschichten, Daten, Fakten und spannenden Expertenstatements. Experten, die zu unserem Netzwerk gehören, die uns auf unserem Weg begleiteten, in ihrem Umfeld Besonderes geleistet haben und die Spaß daran hatten, unsere Ansätze zu ergänzen. Mit *Macherinnen* sprechen wir gezielt Menschen an, die auf dem Weg sind, die Zukunft im eigenen Unternehmen zu gestalten, Inspiration und Impulse suchen und von Experten lernen wollen.

Herausgekommen ist dieses Buch, das sich in drei große Abschnitte gliedern lässt: ein Starterpaket, das sich mit unseren Anfängen beschäftigt. Einen zweiten Teil, in dem es um Teams und die Vorbilder geht, die uns begleitet haben. Und einen dritten Part, der sich mit den Umbrüchen auseinandersetzt, die wir erlebt haben. Wir nehmen Sie mit in unsere Kindheit und in unsere Träume. Wir zeigen Ihnen, dass Schule damals wie heute bei Weitem nicht ausreicht, dass man vielmehr in die Welt hinausmuss, um neue Horizonte entdecken zu können. Wir lassen Sie an unseren ersten, sehr unterschiedlichen beruflichen Erfahrungen teilhaben, schauen mit Ihnen in die Konzernwelt von Nina und in das erste Start-up von Miriam. Erzählen die eine oder andere spannende, aber auch mitunter sehr persönliche Geschichte über die Themen, die unsere beruflichen Wege geprägt haben.

Klar, dass hier auch die klassischen Unternehmensthemen wie Leadership, das Krisenmanagement oder das knifflige Recruiting im War for Talents nicht fehlen dürfen. Wir möchten beschreiben, was uns geprägt hat, wie das unsere Zukunft beeinflusst hat und warum all das letztendlich zu Karriere und zum eigenen Unternehmen geführt hat. Dabei spielen der Zufall, das elterliche Setting und die entsprechenden Vorbilder eine wesentliche Rolle. Wir möchten aber auch zeigen, welche Zutaten es heute braucht, um Unternehmen erfolgreich und innovativ zu machen. Aber: *Macherinnen* ist nicht nur ein Buch über Unternehmen, sondern die Geschichte zweier erfolgreicher Frauen aus dem Digitalsektor. Damit wollen wir Rolemodels schaffen, die weibliche Führungskräfte von morgen stärken und Frauen in Führung selbstverständlich machen.

Unsere Anfänge

Als wir uns 2004, also vor fast 18 Jahren, per Zufall kennenlernten, war da sofort eine gegenseitige Sympathie füreinander. Nina arbeitete mit Miriams Mann Volker zusammen bei eBay. Über die Jahre trafen wir uns auf unterschiedlichsten Veranstaltungen, später dann auch regelmäßiger in diversen beruflichen Netzwerken. Wir fanden uns auf Anhieb sympathisch und hatten schnell ein vertrautes Verhältnis zueinander.

Wir erkannten wohl in der jeweils anderen viel von uns selbst. Neben den beruflichen Gemeinsamkeiten war da auch vieles, was wir privat ähnlich meistern. So sind wir beide mit Partnern gesegnet, die – beruflich ebenfalls erfolgreich – das familiäre Leben und die damit verbundenen täglichen Herausforderungen tatsächlich mit uns teilen. Equal Parenting nennt man das heute – ein Begriff, der so viel mehr umfasst, als die bloße Übersetzung vermuten lässt: It's not only about sharing child care, sondern viel mehr als das. Es sind echte Partnerschaften auf Augenhöhe – in denen einmal der eine, dann die andere beruflich eingespannter ist. Je nach Auslastung bedeutet das dann eben mehr Familie oder eben mehr Business. Sehr ausgewogen und für uns beide ein großes Glück.

Mit der Zeit lernten wir uns immer besser kennen. Als Miriam bei Ratepay eine monatliche Veranstaltungsreihe (»ask me anything«) aufsetzte, war Nina Gast in dieser Runde. Und begeistert von der Ratepay-Atmosphäre. Von diesem Netzwerk starker Frauen, das sich hier bot. Als sie schließlich brands4friends verließ, war Miriam eine der ersten, die davon wusste. Und schnell erkannte: Das ist Fügung des Schicksals. Denn bei Ratepay sollte ein Führungswechsel stattfinden – ein neuer CEO an die Spitze. Trotz Branchenferne war Nina für Miriam erste Wahl. Und ist heute Ratepay-Chefin.

Unsere Vorbilder

Wir haben beide nach dem Abitur nicht am Reißbrett gesessen und unsere beruflichen Wege vermessen. Eher im Gegenteil: Wir starteten beide relativ gechillt in das, was man Zukunft nennt. Nina hat nach dem Abitur erst einmal in Spanien die Landessprache gelernt, und Miriam hat das Gleiche nach dem Abbruch ihres Studiums getan. Beide haben wir aus dieser Zeit Essenzielles mitgenommen, beide haben wir von diesem Blick über den Zaun profitiert. Intuitiv wussten wir: Diese Zeit brauchen wir, um uns zurechtzufinden, um einen Weg zu finden, der anders war als das, was wir kannten oder was vorgezeichnet schien. Dass so etwas funktionierte, zeigten uns die ersten Vorbilder, die wir als solche wahrnahmen. Bei Miriam war es die Patentante, die einen Gegenentwurf lebte, der so anders war als das dörfliche Leben, in dem sie groß geworden war. Das Bild – so vage es auch war – hat geprägt und

Miriam zumindest eine erste grobe Richtung gewiesen. Bei Nina war es der Vater des Freundes, der einen Hinweis gab, wohin es gehen sollte: »Tue das, was dich glücklich macht!« Ein Ratschlag, den wir beide übrigens bis heute beherzigen.

Klar, auch unsere Eltern – hochgeschätzt und sehr geliebt – haben uns geprägt. Schlicht dadurch, dass sie uns durch das elterliche Urvertrauen zu den Menschen gemacht haben, die wir letztlich geworden sind. Aber: Welcher junge Mensch folgt mit noch nicht einmal 20 Jahren dem elterlichen Lebensentwurf oder elterlichen Empfehlungen? Wir kennen sie doch alle, diese ungelenke Unsicherheitsphase, wenn es aus der behüteten Schul- und Familienwelt hinaus in die echte geht, wenn wir an der Schwelle des eigenen Lebens stehen – mit sicher noch elterlichem Netz, aber ohne doppelten Boden, der alles abfedert. Wir beide wussten nur: Wir werden unseren Weg gehen.

Vom Gründen und Karrieremachen

Nina hat dann zügig und zielstrebig erste Karriereweichen gestellt, Miriam hat sich mehr treiben und inspirieren lassen, um daraufhin durchzustarten. Den konkreten Entwurf für unser Leben hatten wir beide nicht parat. Und doch: Es hat sich wunderbar gefügt, unser Leben. Wir möchten mit unseren so alltäglichen Erfahrungen und unseren Geschichten dazu beitragen, dass junge Menschen mutig und leidenschaftlich ihrer Wege gehen, ohne Angst vor Rückschlägen ihre Ideen nach vorne treiben, Entscheidungen treffen, auch wenn sie sich im Nachhinein als falsch erweisen. Wir wollen zeigen, dass Karrieren auch unter widrigen Umständen möglich sind. Und wir wollen zeigen, wie unsere Wege für ein Unternehmertum, für Unternehmen der Zukunft entscheidend sind.

Lust auf mehr? Dann legen Sie los! Wir freuen uns auf Ihr Feedback.

bildung

Miriams Geschichte

Bildungs(um)wege: von amerikanischen und spanischen Träumen

> Schule sollte uns auf die Welt vorbereiten.
> Tut sie aber selten.

Eigentlich war ich meiner Zeit immer ein bisschen voraus. Und damit meine ich nicht meine Gründungsgeschichte, die 2009 ihren Anfang nahm. Meine Mutter war noch sehr jung, und das Geld war knapp, als ich auf die Welt kam. Da sie arbeiten musste, »parkte« sie mich – nicht zu meinem Schaden, wie ich schon damals feststellen konnte – bei meiner Großmutter. Und so wuchs ich auf dem Land auf, in einer erzkonservativen Gegend. Keine besonders guten Voraussetzungen für einen inspirierenden Start ins Leben, sollte man meinen. Aber: Das Setting hatte seine Vorteile, und wer ebenfalls auf dem Land aufgewachsen ist, weiß genau, was ich meine. Man ließ uns laufen, Dinge ausprobieren, im Dreck spielen – mit Regeln hielt man sich sehr zurück und Angst, dass wir verloren gingen, hatte niemand. Es war ja immer jemand da, der ein Auge auf uns hatte. Ich konnte viel und früh für mich entscheiden. Auch dass ich, wenn ich keine Lust auf den Kindergarten hatte, einfach zu einer Verwandten verschwinden konnte – übrigens ohne dass es auffiel oder irgendwelche Konsequenzen nach sich gezogen hätte. Mich hat das entscheidend geprägt, diese frühe Eigenständigkeit, diese Freiheit. Bis heute übrigens, wie meine Geschichte zeigt.

Nina sagt: Was hat man der von Astrid Lindgren erdachten Pippi Langstrumpf in den Mund gelegt: »Sei frech, wild und wunderbar!« Ein Weltklasse-Zitat, wie ich finde. Auch, wenn es wohl nicht von Pippi selber stammt. Aber: Es umschreibt für mich genau die Eigenschaften, die wir unseren Kindern mit auf den Weg geben sollten. Sei frech – und äußere deine Meinung, auch wenn sie anderen nicht gefällt. Sei wild – und probiere Dinge aus, auch wenn du nicht sicher sein kannst, dass sie gutgehen. Sei wunderbar – und zeige der Welt, dass du dir gefällst. Herauskommt unterm Strich die Stärke, die es braucht, um erfolgreich seiner Wege gehen zu können.

Geordnete Verhältnisse

Meine Kindergarten-Schwänzerei hatte abrupt ein Ende, als meine Eltern mit mir nach Süddeutschland gezogen sind. Als dann mein Bruder das Licht der Welt erblickte, änderte sich wieder einiges. Er, Schreikind und acht Jahre jünger als ich, hatte mich – eine große Schwester, die sich kümmerte. Nicht nur um ihn übrigens. Da meine Mutter mit dem brüllenden Baby Land unter hatte, lag es an mir, kleine und größere Erledigungen zu übernehmen. Ich ging einkaufen und umtauschen. Mit neun schlug ich mich mit einer Freundin durch den Schlussverkauf und landete prompt in der Tageszeitung – von hinten zwar, aber mit der schönen Headline »Auch die Kleinsten nutzen die Angebote«. Kurz: Ich war ein pflegeleichtes Kind, das man (Gott sei Dank, sage ich in der Rückschau) auch weiter alleine laufen lassen konnte.

Mit der Selbstständigkeit war es allerdings erst einmal vorbei, als meine Eltern mitten in meiner Pubertät beschlossen, in die USA zu gehen – und ich musste natürlich mit. Für mich als 14-Jährige kein leichter Brocken, musste ich doch meinen Freundeskreis hinter mir lassen, ebenso wie die ersten zarten Liebesgeschichten.

Lernen ist etwas Wunderbares

Für zwei Jahre ging es an die Ostküste der USA; zwei Jahre, die mich nicht nur massiv geprägt, sondern mich auch bis heute zu einem großen Fan des amerikanischen Schulsystems gemacht haben. Klar, der Anfang war schwer: Ich konnte kaum Englisch, kannte niemanden und musste mich durchbeißen. In dem Alter allerdings, auch das eine Erfahrung dieser Zeit, ging das sehr schnell. Anders als im deutschen Schulsystem, das immer auf alle, zumindest auf alle »großen« Fächer setzt, baut man in den USA die Stärken des Einzelnen aus. Ist man auf A-Level in einem Fach, etwa im Sport, wird man ausdrücklich und nachhaltig gefördert. Bei mir zum Beispiel war das Geschichte – bis heute faszinieren mich historische Ereignisse und ihre Wirkungen auf unser Leben und unsere Gesellschaft. In den USA konnte ich Geschichte in den unterschiedlichsten Ausprägungen jeden Tag vertiefen. Das Schöne und für mich Besondere: Hier wurde nicht nur Stoff vermittelt, sondern Verständnis für die Inhalte. In Debattierclubs lernten wir, uns auseinanderzusetzen, historische Themen wurden auf die Bühne gebracht oder in eigene Geschichten verpackt – den klassischen Frontalunterricht, den ich aus Deutschland kannte, aber keine Sekunde vermisste, gab es einfach nicht. Er hätte auch nicht zu mir gepasst und mir das Lernen ganz sicher verleidet.

Denkanstoß

Bildungstechnisch hat es im 19. Jahrhundert eigentlich ganz gut angefangen: Unser Land erlebte einen bildungspolitischen Boom; die Kirchen, die bis dato das Lehren und damit Lernen in der Hand hielten, verloren an Einfluss, der Staat übernahm. Und machte das anfangs auch recht ordentlich: Es entstand ein einheitliches Schulsystem mit klaren Schulformen, festgelegten Lehrplänen, einer umfassenden Ausbildung von Lehrkräften und vor allem klaren Regelungen für den Schulbesuch. Auch die Schulpflicht wurde eingeführt. Parallel entwickelte sich eine Gesellschaft, in der Politik, Parteien, Verbände und Interessengruppen mit klarer eigener Agenda auftraten und sich vehement einmischten. Und so zeichneten sich bereits im vergangenen Jahrhundert Konflikte ab, die uns heute noch beschäftigen. Die Bundeszentrale für politische Bildung hat sie zusammengefasst: Es mangelt, so stellen die Forscher fest, an der Durchlässigkeit, also der Möglichkeit, einen Schultyp problemlos zu wechseln oder ohne Hochschulabschluss zu studieren. Immer wieder und gern vor dem Hintergrund der Chancengleichheit diskutiert: die Einheits- oder Gesamtschule. Auch den Akademisie-

> rungswahn haben wir aus dem letzten Jahrhundert geerbt und wir schlagen uns noch heute damit rum, dass nur das Abitur für echte Bildung steht.

Zurück nach Deutschland

Den Kulturschock erlitt ich nach zwei Jahren mit der Rückkehr nach Deutschland. Ich wollte ebenso wenig zurück, wie ich zwei Jahre zuvor Deutschland verlassen wollte. Ich wollte bleiben, meine amerikanischen Freunde nicht zurücklassen und die Lust am Lernen nicht verlieren. Klar, dass ich keine Chance hatte. Mit 16 sei ich zu jung, um allein in einem fremden Land zu bleiben, erklärten mir meine Eltern.

Nina sagt: Eine ähnliche Geschichte habe ich mit 16 Jahren auch erlebt. Für mich ging es nach Nord-London an ein Internat, an dem nur wenige Mädchen in den beiden Abschlussjahrgängen waren. Ebenso wie das amerikanische Schulsystem zielt auch das englische auf die Förderung deiner Stärken. So war das Lehr- und damit Lernangebot deutlich tiefer als alles, was ich bis dahin kannte. Auch die Lehrer:innen haben dort einen anderen Stellenwert, eine andere Bedeutung: Sie sind anerkannt und respektiert. Sicher nicht zuletzt deshalb, weil sie sich als Mentoren, als Begleiter für ihre Schüler verstehen. Sie sind sehr nah bei den Schüler:innen, unterstützen sie, nehmen sie an die Hand. England war in meiner Schulhistorie ein echtes Highlight und wohltuend anders. Auch ich wollte bleiben – nicht zuletzt wegen meiner ersten großen Verliebtheit – und auch ich musste zurück.

Also zurück nach Deutschland. Zurück in ein in meinen Augen arg verstaubtes Bildungssystem, zurück in einen Schulalltag, der von der Beschallung der Schüler lebte. Ich verlor die Lust am Lernen, lernte nur noch, wenn ich musste. Versuchte, mit minimalem Lernaufwand den maximalen Output zu erzielen. Mein Abitur schaffte ich mit einem nicht ganz so brillanten Notendurchschnitt – eine Tatsache, die mich eher unberührt ließ. Die mir allerdings um die Ohren flog, als ich meinen Traumberuf anpeilte: Ich wollte Diplomatin werden! Das stellte ich mir aufregend vor. Ich scheiterte an etwas typisch Deutschem und an etwas, das ich gern, wenn ich könnte, abschaffen würde: dem Numerus clausus. Verlangt war ein Notendurchschnitt von 1,2 – den konnte ich nicht liefern.

Die Debatte wird ja immer wieder geführt, geändert hat sich allerdings bis heute wenig. Der Numerus clausus entscheidet bei Fächern wie Medizin immer noch darüber, ob man studieren darf oder eben nicht. Gerade die Medizin aber ist für mich ein Beispiel, in dem es in erster Linie auf Leidenschaft, auf Begeisterung und auf die Passion ankommt, Menschen zu helfen. Was nutzen uns denn Ärzt:innen, die zwar notentechnisch ganz weit vorn sind, denen es aber an Hingabe und Berufung fehlt? Warum führt man nicht stattdessen eine Art Prüfungssystem ein, das vor der Aufnahme eines Studiums zeigt, wie sehr man sich für das Fach tatsächlich eignet? Vielleicht hätte mich dann die Begeisterung für das Diplomatentum sehr schnell wieder verlassen, vielleicht aber auch nicht. Ich hätte zumindest gern die Chance gehabt, es auszuprobieren. Fakt ist: Ich wusste mit 19, 20 Jahren nicht, wohin meine Reise gehen sollte.

Nina sagt: Bei mir war das ein wenig anders. Ich war schon früh sehr zielstrebig, wollte schon in der Grundschule den 50-Meter-Lauf gewinnen – ein zweiter Platz kam für mich nicht infrage. Übrigens auch später nicht: Ich wollte immer gut sein in dem, was ich tat, und habe viel dafür gegeben. Der Ehrgeiz und das Kompetitive sind geblieben – auch wenn ich bei meinem mit zehn Jahren entdeckten Leistungssport, dem Segeln, durchaus die Demut vor Herausforderungen gelernt habe. Es ist schon ein einschneidendes Erlebnis, wenn du in einem kleinen Opti bei Drei-Meter-Wellen im Sturm in einem Wellental auf der Ostsee bist und auf den Startschuss wartest. Da weißt du plötzlich, dass dich hier nur dein Wille, dein Mut und dein Können ins Ziel bringen werden.

Um die Erfahrung beneide ich dich ein wenig, Nina. Nicht um das Wellental, aber um dieses Bewusstsein über den Weg, der vor einem liegt. Ich wusste lange nicht, wohin es mich treiben würde, war unentschlossen und studierte schließlich Geschichte, Rhetorik und Politikwissenschaft. Nicht lange allerdings. Das Studium hielt nicht das, was ich mir davon versprochen hatte; es erwies sich als rückwärtsgewandt – anstatt für ein kleines Latinum zu büffeln, wollte ich etwas mit mehr Zukunftspotenzial studieren. Den Sinn, eine tote Sprache zu erlernen, habe ich nicht nachvollziehen können. Ein Gang zur Studienberatung endete mit der Empfehlung, auf »VWL regional« umzusatteln und dabei die erarbeiteten Politikscheine mitnehmen zu können. Ich stieg also um, mit sehr gebremster Leidenschaft. Richtig Lust hatte ich dazu nämlich nicht, aber gut, »man musste ja irgendetwas studieren«, so dachte ich damals.

Lebe deinen Traum oder spanische Erkenntnisse

Nach vier Semestern zeichnete sich immer deutlicher ab, dass dieser Weg nicht länger der meine sein sollte. In den Semesterferien fuhr ich mit meiner besten Freundin nach Spanien, in die Nähe von Marbella. Einige Wochen genossen wir das Dolce Vita, ließen uns einladen und gingen auf Partys. Wir feierten das Leben. Unbeschwert war sie, diese Zeit – aber auch wenig gehaltvoll. Und nicht mein Weg. Als junge Frauen liefen wir damals nicht selten unter »die attraktive Frau an seiner Seite«, die, so suggerierte es diese Rollenzuweisung, selten etwas beizutragen hatte. Schmückendes Beiwerk eben. Eine Rolle, die mir nicht besonders schmeckte. So kam ich zu einer ersten großen Lebenserkenntnis: Niemals, so schwor ich mir nach diesem Ausflug in das vermeintlich süße Leben, werde ich »die Frau von …« sein, niemals werde ich mich so von einem Mann abhängig machen, dass ich nur als schmückende Begleitung durchgehe und wahrgenommen werde. Ich wollte etwas sein, aus eigener Kraft etwas darstellen und einen eigenen Beitrag leisten. Ich wollte meine Identität nicht über Beziehungen definieren.

Und eine zweite grundlegende Erkenntnis hat mir dieser Spanien-Trip beschert, etwas, das Nina schon viel früher in ihrem Leben begriffen hat: Du brauchst einen Traum, eine Vorstellung von dem, was dein Leben sein kann. Darauf gebracht hatte mich – ausgerechnet – eine Urlaubsromanze. Der junge Österreicher, den ich datete, hatte nämlich genau diesen einen Traum für sein Leben: Er wollte Profigolfer werden und hat alles dafür getan, das auch zu erreichen. Und ich? Hatte damals einfach keinen Traum, ich schwamm. Mein Österreicher stellte die richtigen Fragen: Warum studierst du, wenn du darauf keine Lust hast? Wie würdest du entscheiden, wenn du frei wärst? Meine Antwort kam spontan: Ich will erst einmal hier in Spanien bleiben und nicht zurück nach Deutschland. Außerdem will ich nach Asien, um mit dem Rucksack auf dem Rücken Land und Leute zu entdecken. Warum, fragte er mich da, machst du das nicht einfach? Mein »Aber was sollen meine Eltern dazu sagen?« wischte er weg. Make a long story short: Ich habe es durchgezogen, bin in Spanien geblieben, habe gejobbt und mir mein Leben selbst finanziert und dann später Asien mit dem Rucksack erkundet. Die große Freiheit habe ich genossen – leider nahm sie ein abruptes und unschönes Ende in Form einer Salmonellenvergiftung. Ich wollte nicht in Spanien bleiben. Meine Eltern, die mir dieses Abenteuer nicht ausgeredet und entgegen meiner Erwartung auch nicht wirklich übel genommen hatten, holten mich in Frankfurt am Flughafen ab und päppelten mich erst einmal wieder auf.

Auch wenn diese Reise nicht so schön endete, für mich war sie eine wesentliche Erfahrung, die mich vor allem eins gelehrt hat: Finde deinen Traum und lebe ihn. Nichts oder niemand sollte dich davon abhalten. Wenn du für eine Sache brennst, findest du immer einen Weg, sie auch durchzuziehen. Damals war es nur eine Reise, die ich gegen alle Ratschläge unternommen habe, aber dasselbe Prinzip habe ich später im Berufsleben unzählige Male umgesetzt. Gesellschaftliche Konventionen, wie »das macht man aber nicht«, »das ist nicht weiblich genug« oder auch »dafür bist du viel zu jung (oder zu alt)«, sind uninteressant. Wir haben nur dieses eine Leben und dafür lohnt es sich, Grenzen zu überwinden oder Ketten zu sprengen.

Astrid Lindgren hat einmal gesagt: »Alles, was an Großem in der Welt geschah, vollzog sich zuerst in der Fantasie eines Menschen.« Recht hat die schwedische Schriftstellerin! Ich plädiere dafür, dass wir genau das in die Lehrpläne dieser Republik integrieren: Die fantastische Reise eines jeden Einzelnen sollte in der Schule beginnen. Dann, da bin ich sicher, kann Großes entstehen.

Leider aber beginnt die fantastische Reise ins Leben noch viel zu selten in der Schule. Das liegt vor allem daran, dass Lerninhalte und die Ausbildung von Lehrer:innen einfach nicht mehr zeitgemäß sind. Konnte man vor ein paar Jahren noch so manche Inhalte damit verteidigen, dass sie Schüler:innen zu ordentlichen Bankkaufleuten mit lebenslanger Beschäftigungsgarantie machten, wirken sie heute wie aus der Zeit gefallen. An die Stelle der Bankkauffrau ist heute die Programmiererin getreten. Menschen mit IT-Background, mit Coding-Wissen werden von allen Unternehmen hofiert. Diese Nachfrage wird sich in der Zukunft dramatisch verstärken.

In einem Positionspapier von Bitkom heißt es, dass der Erwerb digitaler Kompetenz – im Sinne eines kompetenten Umgangs mit digitalen Medien und des Aufbaus einer grundständigen IT-Kompetenz – integraler Bestandteil heutiger Bildungsziele werden und vor dem Hintergrund des lebensbegleitenden Lernens in der Bevölkerung und allen Organisationen verankert sein muss.

Schaut man allerdings auf die Lehrpläne Deutschlands oder in den Fächerkanon, ist das Programmieren, ist die IT kein Bestandteil der schulischen Bildung. Anders in Japan übrigens: Hier lernen bereits die Grundschüler:innen, wie man eine App programmiert. Bei meiner Tochter, sie ist 17, sind die Themen digitale Bildung und Coding in der Schule noch nicht annähernd angekommen – und das in Berlin, nicht in Hintertupfingen.

Was die Schule nicht leistet, muss zunehmend von Privatinitiativen geschultert werden: Eine, die sich mit großer Leidenschaft für die digitale Bildung von jungen Menschen einsetzt, ist Julia Freudenberg mit ihrer Hacker School. Wir begegneten uns, als sie ihre Initiative gerade gestartet hatte und auf der Suche nach Partnern für ihr Vorhaben war. Mich begeisterte ihr Enthusiasmus für dieses Thema, das auch mir so sehr am Herzen liegt. Ratepay unterstützte schließlich mit Räumlichkeiten und Experten bei den Workshops. Die Kids waren begeistert – nicht zuletzt auch deshalb, weil wir die Ergebnisse der zweitägigen Workshops auf großer Bühne präsentierten. Mein schönstes Erlebnis aus dieser Zeit war, als ein kleiner Steppke mich fragte, ob er bei uns ein Praktikum machen könne.

Auch die Startup Teens, die sich als Bildungsinitiative das Coding und das Unternehmertum auf die Fahnen geschrieben haben, ist eine dieser Initiativen, die für Zukunft sorgt.

Unsere Bildungs-Experten Alexander Giesecke und Nicolai Schork

Wenn es die Schule schon nicht tut, dann müssen hier eben Unternehmer:innen einspringen und die Themen nach vorne bringen. Zwei davon, Alex Giesecke und Nico Schork, sind mit noch nicht einmal 30 Jahren Vollblutunternehmer mit inzwischen mehr als 100 Menschen, die für sie arbeiten. 2012 gründeten die beiden gemeinsam simpleclub, revolutionieren seitdem das Thema Lernen und begleiten jedes Jahr mehrere Millionen Schülerinnen und Schüler erfolgreich durch das Abitur. Sie zeigen, wie Digitalisierung geht und wie anfassbar, leicht verständlich und inspirierend Lehre und Lernen sein können. Als Buchautoren und Speaker teilen sie ihre Geschichte, inspirieren jung wie alt und stehen für Unternehmertum mit gesellschaftlicher Verantwortung. Wie Bildung heute gehen sollte, erzählen sie uns in der nachfolgenden Geschichte.

Educate the world: Für mehr Gerechtigkeit in der Bildung durch Digitalisierung

Von Alexander Giesecke und Nicolai Schork

Die schöne neue Bildungswelt muss (und wird, wenn es nach uns geht) keine Zukunftsmusik bleiben. Wir haben es jetzt in der Hand, entsprechende Weichen zu stellen und das Thema Bildung neu zu denken. Die Coronapandemie hat eindeutig gezeigt: Unser Bildungssystem ist für das Morgen nicht gut aufgestellt und auf Krisensituationen überhaupt nicht vorbereitet. Plötzlich erkennen alle, wie wichtig die Digitalisierung der Schulen ist – beginnend mit der Anschaffung digitaler Endgeräte für Lehrer:innen und Schülerschaft, über die datenschutzkonforme digitale Kommunikation der schulischen Akteure, die dafür sorgt, dass Schüler:innen und Eltern während Schulschließungen in Kontakt bleiben, bis hin zur Notwendigkeit von passenden digitalen Inhalten, die das Lernen im Homeschooling spannend, aber auch zielführend für den Lernerfolg machen.

Hektisch beginnen Schulen, Kultusminister und Länder verschiedene Lösungen zu diskutieren, die bisher zu wenig Einheitlichkeit geführt oder für einen grundlegenden Kurswechsel in der Bildung gesorgt hätten. Es wird einfach versucht, den analogen Unterricht ins Digitale zu übertragen. Jahre sind inzwischen seit Ausbruch der Pandemie vergangen, ohne dass wichtige Weichen gestellt worden wären. Immerhin: Unabhängig von Corona lässt sich der Bund die digitale Bildungsoffensive mittels des Digitalpakts fünf Milliarden Euro kosten. Bis zum Ende seiner Laufzeit im Mai 2024 sollen die Mittel komplett ausgeschüttet sein. Allerdings – und hier zitieren wir gern *Die Zeit* vom Februar 2020: »Digitale Bildung geschieht nicht einfach, weil die Geräte da sind. Lehrer müssen auch einschätzen können, wann und wozu sie sie einsetzen können. Welche Spiele, Apps oder Videos motivieren und fördern ihre eigenen Schüler – und welche lassen sie eher wegdösen oder überfordern sie?« Mit anderen Worten: Wie bekommen wir bildungstechnisch die Milliarden an die Schulen und machen diese zukunftsfähig? Auch ein Corona-Aufholpaket mit zwei Milliarden Euro wurde vom Bund zur Förderung für in der Krise abgehängte Kinder beschlossen. Unklar ist unterdessen, ob das Geld die Bedürftigen rechtzeitig erreichen wird. Zudem brachte die Bundesregierung im Mai 2021 eine *Nationale Bildungsplattform* auf den Weg – auf ihr sollen ab 2023 alle Lernanbieter vernetzt sein. Doch klingt das wie eine weit entfernte Utopie, denn die Pläne sind derweil noch vage, der Nutzen des Millionenprojekts unklar und auch Sicherheitsfragen sind bisher nicht so recht geklärt. Es stellen sich die Fragen: Ist das Projekt nicht vielleicht etwas zu ambitioniert, um es in absehbarer Zeit umzusetzen? Und selbst wenn, ist es überhaupt der richtige Ansatz zur Lösung der aktuellen Herausforderungen?

Szenario 1: Viele verschiedene Akteure versuchen aktionistisch schnell eigene Lösungen zu bauen. Nicht von ungefähr tummeln sich auf diesem Markt einige Anbieter – darunter auch staatlich geförderte Landeslösungen –, die mit unzureichend entwickelten Produkten an den Start kommen. Auch Schulen arbeiten an singulären

Lösungen – nicht alle Ansätze sind schlecht, aber sie sind nicht koordiniert, geschweige denn untereinander kompatibel. Daher wäre folgender Weg anzudenken:

Szenario 2: Politik und private Anbieter arbeiten zusammen und schaffen so eine sinnvolle Bildungslandschaft, die bereits bewährte und praktikable Lösungen digitaler Bildungsanbieter mit bestehenden Institutionen verknüpft. Nüchtern betrachtet, wird dieses Szenario eher wenig Chancen haben, obwohl es ein Reihe privater Anbieter mit guten Lösungen gibt, die nur darauf warten, in einer solchen Landschaft koordiniert zum Einsatz zu kommen. Größter Kritikpunkt vonseiten der Bildungsinstitutionen oder der Politik ist der teilweise kommerzielle Ansatz, den Start-ups bei der Entwicklung von Technologien verfolgen. Dabei berücksichtigen eine Vielzahl der in der Praxis bewährten Lösungen für digitale Kommunikation oder digitales Lernen die hierzulande geforderten Standards von Qualitätsmanagement und Datenschutz – trotz oder gerade weil wirtschaftliches Denken dahinter steht. Über die direkte Ansprache von Multiplikatoren und politischen Akteuren gehen wir derzeit den harten Weg der Überzeugungsarbeit und engagieren uns gemeinsam mit anderen digitalen Bildungsanbietern im Rahmen einer eigens gegründeten Initiative (iddb) für dieses Szenario. Denn die Bildung von morgen wird – ob wir das nun wollen oder nicht – eine andere sein und wir möchten diese gern aktiv mitgestalten.

Thesen für die Schule von morgen

1. **Bildungsinstitutionen** (Schule und Universitäten): Der Flipped Classroom, also der »umgedrehte Unterricht«, macht Schule. Wissen wird über Tools individuell vermittelt, die praktische Anwendung des digital erlernten Wissens und die sozialen Aspekte kommen in der Institution Schule oder Uni zum Tragen.

2. **Schüler:** Sie lernen zu Hause und zeigen in der Schule die Anwendung des Gelernten. Dabei nutzen sie digitale Lösungen, die den individuellen Lernfortschritt berücksichtigen, im und für den Unterricht. Digitale Lernmittel und Tools sind neben dem

Schulbuch selbstverständliche Bausteine in der Bildung – doch mittel- bis langfristig werden sie das Schulbuch komplett ersetzen. In einer Übergangsphase existiert beides gleichberechtigt nebeneinander und die Lernenden entscheiden selbst, auf welche Lernmittel sie zurückgreifen möchten.

3. **Lehrer:** Die Rolle des Lehrers ist eine andere: Er ist jetzt eher Mentor und Coach als reiner Wissensvermittler – er begeistert seine Schüler:innen, inspiriert, motiviert, ermutigt, fördert und fordert heraus.

4. **Chancengleichheit:** Durch den digitalen Zugang zu Wissen über Apps hat jeder die gleichen Bildungschancen. Digitale Lösungen schaffen weltweit den Zugang zu Wissen und sorgen für mehr Gerechtigkeit, wenn es um Lernen, Bildung und Zukunftschancen junger Menschen geht – egal, wo sie auf der Welt leben. In einer solchen Welt möchten wir jedenfalls gern leben! Eine Voraussetzung dafür ist jedoch der kostenneutrale Zugang für sozial benachteiligte Kinder weltweit. Digitale Lerninhalte sollten endlich von Schulträgern, Schulen und Ländern gefördert und finanziell unterstützt werden, um sie allen Kindern frei zugänglich zur Verfügung zu stellen. Gute Bildung darf zukünftig keine Frage der sozialen Herkunft und des Geldes mehr sein. Digitalanbieter ermöglichen barrierefreie Lernangebote für alle Kinder weltweit.

(Digitale) Bildung in Zahlen

Studie des BMWi »Digitale Bildung – der Schlüssel zu einer Welt im Wandel«, 2017

44% aller Lehrenden an weiterführenden Schulen sind unzufrieden mit der elektronischen Ausstattung ihrer Schule.

94 % aller Berufsschullehrer erwerben ihre Kompetenzen für den Einsatz digitaler Medien überwiegend im Selbststudium.

Umfrage Bitkom Research im Auftrag des Digitalverbands Bitkom, August 2021

71 % fordern von der nächsten Bundesregierung, Informatik als Pflichtfach an allen weiterführenden Schulen ab Klasse 5 einzuführen.

Wie gut bereitet unser Bildungssystem die Jugend auf die Arbeitswelt vor?

Studie der Bildungsplattform scoyo: »Problemkind Bildungssystem – so denken Eltern über Schule«, 2021

40 % der Eltern sagen, Schule bereitet ihre Kinder nicht auf das Leben vor.

39 % haben Angst, dass ihr Kind in einer sich verändernden Welt den Anschluss verlieren könnte.

38 % fürchten, dass das eigene Kind dem wachsenden Leistungsdruck nicht gewachsen sein könnte.

79 % wünschen ihren Kindern für die Zukunft ein starkes Selbstbewusstsein und einen Job, der ihnen Spaß macht.

Welche Auswirkungen hat das Bildungsdilemma auf die Wirtschaft?

86 000 Stellen für IT-Fachkräfte sind derzeit in Deutschland unbesetzt – Tendenz steigend.

vorbilder

Ninas Geschichte

Erfolg hat viele Mütter und Väter. Aber: Karriere macht man mit dem eigenen Kopf

> Für Erfolg braucht es Vorbilder und Förderer.
> Und: Man muss ihn wollen, den Erfolg.

»Kind, wenn du etwas Ordentliches machen und Geld verdienen möchtest, dann vergiss die Allgemeinmedizin«, gab mir mein Vater noch vor dem Abitur mit auf den Weg. Dabei wäre er so schön einfach gewesen, dieser vorgezeichnete Weg – schließlich komme ich aus einer Arztfamilie mit vielen Medizinern. In dieselben Fußstapfen zu treten, war mir zu einfach und zu absehbar. Auch die Berufung für die Medizin ging mir ab. Kurz: Ich war unentschlossen, was ich machen sollte.

Schon in den letzten beiden Schuljahren hatte ich mir den Kopf darüber zerbrochen, wohin meine Reise gehen sollte. Und ich hatte viel Zeit, darüber nachzudenken. Waren doch meine letzten beiden Schuljahre vor allem durch bildungstechnische Langeweile geprägt. Ich war verwöhnt: von einem englischen Schulsystem, das sich, ähnlich wie bei Miriam in den USA, vor allem dadurch auszeichnete, dass es die individuellen Stärken förderte. Dass es ein vielfältiges Angebot aus unterschiedlichsten Disziplinen gab, von denen man hierzulande bis heute träumt. Und: dass man Dinge lernte, die das Gymnasium nicht vorgesehen hat. Ich kam – angelsächsisch angehaucht nach einem sehr prägenden Auslandsjahr in London – nach Deutschland zurück. Ein echter Kulturschock! Das Erschreckende für mich: Hier hatte sich, gefühlt, in der Zwischenzeit nichts geändert. Von den Entwicklungssprüngen, die ich gemacht hatte, war bei meinen Mitschüler:innen wenig zu spüren. Auch der Lehrplan hielt für mich nichts wirklich Spannendes bereit. Kurz: Ich war gelangweilt. Ging in die zwölfte Klasse und machte Abitur. Ein gutes. Und dann?

Unabhängigkeit in Spanien

Zum Lernen der Sprache ging es nach Spanien in das Ferienhaus meines Großvaters in die Nähe von Barcelona. Neben Spanisch lernte ich hier vor allem eins: Unabhängigkeit und dass ich mich allein durchschlagen konnte. Eine essenzielle Erfahrung, die mich bis heute prägt. Klar war das eine privilegierte Situation, in einem Familiendomizil unterzukommen. Allerdings: ohne Familie und Freunde dabei. Bislang gab es diese Anker ja in meinem unmittelbaren Umfeld, jetzt waren alle weit weg. Zurück in Deutschland verlor ich mein familiäres Auffangnetz: Meine Eltern trennten sich. Plötzlich war die finanzielle Sicherheit, die ich kannte, nicht mehr gegeben, der Versorger der Familie war weg. Und für mich war klar: Ich wollte nie wie meine Mutter trotz Berufstätigkeit finanziell abhängig von einem Mann sein. Mir war wichtig, dass ich möglichst schnell auf eigenen Füßen stehe und Geld verdiene. So übernahm ich diverse Nebenjobs, die mich damals gefühlt reich machten. Ich war finanziell unabhängig, konnte mich selbst finanzieren.

Einer dieser Jobs führte mich in die Welt der Messehostessen, Kellnern inklusive. Aufregend, aber wenig erfüllend. Denn: Neben meinem ausgeprägten Wunsch nach finanzieller Unabhängigkeit sollte mein Weg auch ein glücklicher werden. Das jedenfalls hatte der Vater meines damaligen Freundes mir mit auf den Weg gegeben: Tue das, was du tust, mit Freude und Leidenschaft; bist du nicht glücklich mit deinem Weg, dann ändere ihn. So banal das auch klingen mag, genau das war Richtschnur meines Handelns bei allen beruflichen Entscheidungen, an die ich mich bis heute halte. Erste Erfahrungen mit dieser Konsequenz machte ich noch vor meinem Studium. Eines meiner ersten Praktika führte mich in die Lokalredaktion eines Boulevardblatts; schnell machte man mich mit den redaktionellen Gepflogenheiten des Blattes vertraut. Gepflogenheiten, die Geschichten mit sehr kreativen Details zu »Geschichten« machten, die es ins Blatt schafften. Etwas, was ich nicht akzeptieren konnte, und etwas, was mich ganz sicher nicht glücklich machte. Auch die nächste Station in einer Werbeagentur zeigte mir, dass das nicht mein Weg sein würde. Während des Studiums ging ich in verschiedene Unternehmensberatungen – spannende Stationen allemal. Aber: Auch das war auf Dauer nichts für mich. Es fehlte die Freude und die Leidenschaft – genau das also, was der Vater meines Freundes mir als Richtschnur mit auf den Weg gegeben hatte und das ich bei meinem Tun spüren wollte.

Miriam sagt: So konkret wie Nina bin ich bekanntlich nicht gestartet. Aber: Was uns einte zu diesem Zeitpunkt unseres Lebens, war das Streben nach Unabhängigkeit und nach einem Weg, der uns glücklich macht. Und: Wir beide hatten Menschen in unserem Umfeld, die uns inspirierten, die ganz andere Lebensmodelle als die, die wir kannten, zeigten. Eine von ihnen war meine Patentante: eine unabhängige, selbstbewusste Frau, die ständig auf Reisen war, eine tolle Wohnung hatte, modisch die Nase immer vorn. Sie lebte ein so anderes Leben, verkörperte ein Frauenbild, das ich aus meiner ländlichen Umgebung, in der ich groß geworden bin, nicht kannte. Die Frauen in unserer unmittelbaren Nachbarschaft lebten das klassische Modell, waren in erster Linie Mütter, die zu Hause blieben, den Haushalt schmissen, ihren Männern den Rücken frei hielten. Schon meine Mutter war hier einigermaßen exotisch, weil sie arbeiten ging und eben nicht zu Hause blieb. Meine Patentante aber bedeutete für mich die große Welt, eröffnete mir Horizonte. Wahrscheinlich hat mich dieses weibliche Vorbild schon sehr früh geprägt und den Weg, den ich schließlich ging, wenn nicht vorgezeichnet, so doch weitestgehend mit beeinflusst.

Das nächste entscheidende Rolemodel, das mir begegnete, war eine meiner ersten Chefinnen. Sie begeisterte mich und riss mich mit, weil sie all das verkörperte und ausstrahlte, was mir bis heute auch bei meinen Leuten wichtig ist: Wertschätzung, Authentizität, Inspiration, Vertrauen, Selbstbewusstsein, Kompetenz, Empathie, Entschlossenheit und Eloquenz. Sie war in meinem Berufsleben ein echtes Vorbild, das vormachte und mir den Weg wies. Für diese Frau wollte ich arbeiten, von ihr lernen.

Rolemodels sind vorbildlich

Für mich war es dieser Hinweis auf das Glück, der mich leitete und mir zeigte, wie wichtig Vorbilder oder Rolemodels sein können. Zeigen sie doch, wie man es machen kann, was es braucht, um bestimmte Wege zu gehen. Vorbilder motivieren, größer zu denken, Berufe oder Positionen anzustreben, von denen man träumt. Sie liefern Perspektiven und Motivation. Sie sind der beste Beleg dafür, dass Karriere machbar ist. Der Tatsache, dass Vorbilder gerade für junge Menschen, die am Anfang ihres (Berufs-)Lebens stehen, eine wesentliche Rolle spielen sollten, würdigt die Nachwuchsinitiative Startup Teens mit einer jährlichen Auszeichnung: dem Rolemodel Award, der in drei Kategorien vergeben wird. Ausgezeichnet werden Gründer:innen, Familienunternehmer:innen und Manager:innen. Ziel des Preises: Vorbilder sichtbar zu machen und zu zeigen: So gehts.

Auch Ratepay ist vorbildlich. Besonders für junge Frauen offenbar. Ich hatte unlängst eine top ausgebildete Bewerberin vor mir sitzen, die aus einem großen Konzern kam, mit komfortablem Gehalt und der Aussicht auf die nächste Karrierestufe. Sie wollte das nicht, hatte sich uns ausgesucht, weil sie wusste, dass wir bei Ratepay auf flache Hierarchien setzen und weil unsere Führungsmannschaft eine sehr weibliche ist. Sie wollte raus aus dem »Boy's Club«, mit dem sie sich in ihrem alten Arbeitsumfeld konfrontiert sah. Die Spielregeln machen die, sagte sie, und sie könne nur mitspielen, wenn sie akzeptiere. Sie fühlte sich hilflos und sah keine Chance, in einem solchen Umfeld etwas zu bewegen. Bei Ratepay sah sie ein Unternehmen, das auf die klassischen Regeln der Men's World verzichtet. War ich auch zunächst überrascht von ihren Beweggründen, konnte ich sie dennoch nachvollziehen und stellte sie ein.

Bei eBay hatte ich mehrere Chefs und eine Chefin, die mir den Weg wiesen, die zeigten, wie Management, wie Leadership geht: wertschätzend, respektvoll, vertrauensvoll, authentisch, dabei immer fokussiert, zielorientiert und konsequent. Eigenschaften, die auch meinen Führungsstil prägen. Verbunden mit dem Anspruch, dass Führen auf Augenhöhe durchaus möglich ist. Und von Mitarbeitenden äußerst geschätzt und mit viel Loyalität beantwortet wird.

An meiner ersten beruflichen Station nach dem Studium als Trainee bei einer großen Textil-Einzelhandelskette im Familienbesitz erlebte ich leider das Gegenteil. Hier erfuhr ich, was schlechte Führung anrichten kann. In Rekordzeit hatte ich mein BWL-Studium beendet, war an die Handelshochschule Leipzig gewechselt, hatte ein prägendes Auslandssemester in den USA mitgenommen. Exzellente Voraussetzungen also für die klassische BWLer-Karriere bei einer der großen Unternehmensberatungen oder Investmentbanken. Ich hatte mir stattdessen bewusst den Trainee-Job bei besagtem familiengeführten Textilhandelskonzern ausgesucht, den ich mit großer Leidenschaft antrat.

Ich stieß auf eine Unternehmenskultur, die dem, was ich mir wünschte, damals noch diametral entgegenstand. Der Patriarch an der Spitze des Hauses gab in allen Belangen den Ton an, er gab die Richtung vor, entschied oft unabhängig von Empfehlungen des Managements. Die Personalentscheidungen des Hauses waren bestimmt durch das Familiennetzwerk: Wer niemand in diesem Kreis kannte, kam nicht ganz nach oben. Meine damalige Chefin war zwar nicht Teil dieser vermeintlichen Führungselite, nutzte ihre Macht aber, um junge Talente »wegzubeißen«, die ihr gefährlich werden konnten. Mir verhalf diese Zeit zu einer meiner wichtigsten Erkenntnisse: Du musst gehen, wenn du erkennst, dass es für dich nicht weitergehen kann. Nach zwei Jahren war Schluss, ich wechselte zu eBay – eine der besten Entscheidungen meines Lebens.

Denkanstoß

Patriarchalische Unternehmensstrukturen und Führungsstile, die junge Frauen am beruflichen Aufstieg hindern, sollten sich längst überlebt haben. Und doch finden sich bis heute in vielen großen und mittelständischen Unternehmen nach wie vor historisch gewachsene Strukturen dieser Art. Max Weber beschreibt diesen Führungsstil idealtypisch als von Befehl und Gehorsam gekennzeichnet.

Alleinige Entscheidungsgewalt geht vom Patriarchen aus – Mitarbeiter:innen dienen lediglich als Erfüllungsgehilfen, die niemals eigene Entscheidungen treffen – auch, weil sie schlicht Angst davor haben, andere Wege zu gehen als der allwissende Kopf. Klar ist: In dieser reinen Form findet man einen solchen Führungsstil heute kaum noch. Aber: Nach wie vor existieren Unternehmen, wo einzig die Führungsspitze Entscheidungen trifft – wenig transparent und damit kaum nachvollziehbar für die Belegschaft. Dabei hat bereits 370 vor Christus der Sokrates-Schüler Xenophon beispielhaft dargelegt, wie wenig sich ein patriarchalischer Führungsstil eignet, wenn man Kriege gewinnen oder Unternehmen erfolgreich führen will. In *Anabasis*, seinem bekanntesten Werk, schildert er den Feldzug eines griechischen Heeres in Persien. Den Sieg einer entscheidenden Schlacht – trotz Unterzahl und mit einer durchaus gemischten Zusammensetzung – führt er zum einen auf den charismatischen Anführer Kyros zurück, zum anderen aber auch auf den allen Kriegern gemeinsamen Willen zum Sieg. Beides wesentliche Elemente, die erfolgreiche Unternehmen auszeichnen: Leadership, unter anderem basierend auf Charisma, und eine gemeinsame Vision.

Neue Ufer, neue Wege

Bei eBay traf ich genau auf die Kultur, die der alte Grieche geschildert hat: eine Kultur, die von einer starken Vision dessen, was sein sollte, ebenso geprägt war wie durch ein Management, das so divers war, wie es sich manches Unternehmen heute wünscht, und Mitarbeiter:innen, die mit großer Begeisterung und Leidenschaft ihre Jobs machten. Auch bemerkenswert: Die viel beschriebene gläserne Decke für Frauen gab es bei eBay schlicht nicht. Wer sich für einen Job qualifizierte, bekam ihn auch – unabhängig von Geschlecht, sexueller Orientierung oder Hautfarbe. In Deutschland im Jahr 2004 nahezu undenkbar – für ein amerikanisches Unternehmen dagegen gelebte Praxis, was wieder einmal zeigt, dass uns die USA bei vielen dieser Themen weit voraus sind.

Es war für mich eine völlig neue Welt, in die ich damals komplett eintauchte. Warum? Weil ich mich mit den Werten, den Zielen, der Vision und damit der gelebten Kultur identifizieren konnte. eBay war für mich gelebte Authentizität. Und Blaupause für eine Unternehmenskultur, die ich mitgenommen habe und heute noch lebe. Entscheidungen wurden so getroffen, dass sie nachvollziehbar waren, Eigenständigkeit der Mitarbeiter:innen war gewünscht und gipfelte, weil über Ziele geführt wurde, in erreichbaren Zielvereinbarungen. Und ebenso wie das griechische Heer hat uns diese Unternehmensrealität stark gemacht für die Extrameile, die man gern zu gehen bereit war. Für mich war der Zwölf-Stunden-Tag bei eBay kein Muss, er war normal, ohne anstrengend zu sein. Der Spirit dieser Tage war mitreißend dynamisch. Ich sprang konzernintern von Job zu Job, hatte immer wieder spannende neue Herausforderungen vor mir, durfte ausprobieren und gestalten. Auch, weil ich immer wieder Chefs und Chefinnen hatte, die mein Potenzial erkannten und förderten; die mich ließen. Und: Ich wollte. Ich wollte an den spannenden Themen arbeiten, mich persönlich und beruflich weiterentwickeln, ich wollte das nächste Karrierelevel erreichen und mehr Verantwortung. Karriere, das ist meine feste Überzeugung, macht man mit dem eigenen Kopf. Aber: Die Ergebnisse müssen stimmen.

2013 antwortete die bei eBay damals für die Einstellung und Betreuung der Hochschulabsolventen verantwortliche Kollegin auf die Frage, was eBay zu einem guten Arbeitgeber mache: »Es ist extrem spannend, für dieses Unternehmen zu arbeiten.« Ihre Begründung: Weltkonzern, internationales Umfeld, viele Karrieremöglichkeiten, flexibles Arbeiten. Und: Im Konzern könne jeder das tun, was er liebe. Bis heute habe sich eBay den Spirit eines Start-ups erhalten, um Themen voranzutreiben und Innovationen zu verwirklichen. Sie beschrieb exakt das, was mich an diesem Unternehmen lange so faszinierte, was mich begeisterte und immer wieder dafür sorgte, die nächste Extrameile zu gehen.

Karriere im Konzern

Wenn man mich heute fragt, wie man in einem solchen Konzern, der ja beileibe kein kleiner ist, Karriere macht, dann fallen mir zwei wesentliche Dinge ein: Schaffe dir ein Netzwerk, das aus Förderern und Fans besteht, und sorge neben guter Performance für Visibilität, also Sichtbarkeit deines Tuns. Ich hatte – welch Glück – häufig Leuchtturm-Projekte, die Aufsehen erregten, die richtungsweisend waren. Und: Ich hatte diese Chefs, die echte Leadership-Qualitäten besaßen und sie auch in mir entdeckten und unterstützten. Diese Förderung hat mich nicht nur karrieretechnisch beflügelt, sondern mir auch meinen Führungsweg aufgezeigt. All das, was ich erlebt habe, macht heute auch meinen Führungsstil aus. Denn eins hat mir mein Konzernweg gezeigt: Erfolgreiche Unternehmen zeichnen sich durch charismatische Leader aus und nicht durch verwaltende Manager.

Ich bin davon überzeugt, dass Führung, die transparent, selbstkritisch und vor allem authentisch ist, im Zusammenspiel mit einer starken Vision für erfolgreiches modernes Unternehmertum sorgt. Starke Leader begeistern und führen durch starke Bilder, durch transparente und nachvollziehbare Entscheidungen, durch Empowerment. Die Chefs und Chefinnen, die mich am meisten beeindruckt haben, haben genau das vorgelebt. Und ich habe das für mich adaptiert und ausgebaut.

Miriam sagt: Meine erste Chefin war – um es zurückhaltend zu formulieren – wenig inspirierend. Ihr fehlte die Begeisterungsfähigkeit für ihren eigenen Job, aber auch und vor allem für uns. Sie konnte nicht überzeugen, nicht mitreißen, konnte kein Vertrauen zeigen. Altbacken war sie außerdem auch. Und hat so dafür gesorgt, dass ich mich in diesem Umfeld nicht besonders wohlfühlte. Einer meiner nächsten Chefs war ein ausgemachter Choleriker. Der brüllte bei jeder Gelegenheit seine Mitarbeiter:innen an – meist aus nur ihm bekannten Gründen. Lust, neue Ideen oder Vorschläge zu präsentieren, hatte eigentlich keiner mehr im Team. Ich hatte noch einige dieser Chef:innen, die so wenig von Führung verstanden.

Mein erstes großes Führungsvorbild begeisterte mich schon beim Vorstellungsgespräch. Die Frau konnte glaubhaft vermitteln, dass sie etwas bewegen wollte. Und zwar gemeinsam mit mir. Sie zeigte mir: Du bist willkommen mit deinem Esprit, deiner Expertise und auch deinen Fehlern. Sie strahlte ein ungeheures Selbstbewusstsein aus, was mich sehr an meine Patentante erinnerte, hatte Ausstrahlung, Charisma und eben diese spezielle Begeisterungsfähigkeit, die es einem so leicht macht, motiviert zu bleiben. Sie hat bei mir diesen Erfolgsfunken gezündet: Ich wollte mit ihr erfolgreich sein, ich wollte gute Ergebnisse, gute Zahlen. Obwohl sie hart in der Sache war, gab es auch diese empathischen, emotionalen und lustigen Momente. Alles in allem eine wirklich tolle Chefin. Leider ging sie irgendwann. Ihr Nachfolger war fast das komplette Gegenteil dieser bezaubernden Frau. Er war nicht böse, hat mir auch nichts getan. Aber: Er hat es nicht geschafft, mich zu inspirieren, konnte mich nicht überzeugen, konnte mich nicht mitreißen. Da war es Zeit für mich zu gehen und etwas Neues zu wagen. Wie man an diesen ersten beruflichen Stationen deutlich sieht: Es sind die Vorbilder, die den Weg weisen.

Es ist nicht alles Gold ...

Natürlich war auch bei eBay nicht alles Gold, was glänzte. eBay war durch den immensen Erfolg der frühen Jahre satt geworden, hatte nicht früh genug in moderne Technologien investiert und ließ sich durch mangelnden Fokus zusehends von Amazon den Rang ablaufen. Das führte nicht nur zu großen Strategieänderungen und unterschiedlichen Transformationsprogrammen, sondern auch zu Personalentscheidungen, die sich bisweilen als wenig überlegt herausstellten. Ich erinnere mich an eine Führungskraft, die toxisch für ihren gesamten Bereich, ja für das ganze Unternehmen war. Plötzlich wurden Entscheidungen nach Goodwill, nicht nachvollziehbar und schon gar nicht transparent getroffen. Der Kollege »herrschte« im wahrsten Sinne des Wortes per Verordnung, patriarchalisch, wie ich es schon einmal erlebt hatte, und war weit entfernt von begeisternder Führung. Er war nicht mein Chef, und so war ich in der privilegierten Situation, mir das Spiel, das er trieb, von der Seitenlinie aus anschauen zu können. Und auch zu lernen, wie man es eben nicht machen sollte. In der Regel haben sich auffällig schlechte Führungskräfte nie lange bei eBay halten können.

Einmal traf eines der Reorganisations-Programme auch die Landesgesellschaften: eBay Deutschland gab es plötzlich nicht mehr. Das Ziel des amerikanischen Managements war Zentralisierung – im Prinzip kein schlechter Ansatz, aber die Umsetzung verlief verheerend. Viele meiner Kolleg:innen wurden gefeuert, auch ich. Wir »durften« uns auf zentrale, europäische Rollen neu bewerben – ein Zeitpunkt, an dem ich überlegte, das Unternehmen zu verlassen. Ich blieb, nicht zuletzt meinem damaligen Chef zuliebe. Der war nämlich wieder einer mit echten Leadership-Skills.

Schwierig wurde es für mich erst, als es für meinen Bereich eine neue Führung geben sollte. Ausgerechnet eine Frau, die ich wenige Monate vorher für mein Team als meine Mitarbeiterin hatte anheuern wollen, sollte jetzt aufgrund schlecht abgestimmter internationaler Recruitingprozesse meine Chefin werden. Eine nicht ganz einfache Situation, wenn plötzlich die Rollen wechseln. Kurz nach ihrem Start sprach ich das Dilemma bei ihr an, ich wollte von Anfang an für klare Verhältnisse sorgen. Das klärende Gespräch hatte allerdings nur auf meiner Seite für Klarheit gesorgt, die Dame hielt sich an keine unserer Vereinbarungen, sorgte hinter meinem Rücken für Unruhe im Team, machte Politik. Ich muss hier raus, dachte ich. Meine Rettung war mein ehemaliger Chef, der mir ein neues Projekt anbot – und so übernahm ich die Verantwortung für die Integration des von eBay gekauften Online-Shopping-Clubs brands4friends.

Denkanstoß

Es sind die Vorbilder, die den Unterschied machen. Sie treiben an, ermuntern, weisen den Weg oder auch eine Richtung, in die man sich bewegen sollte. Allerdings: Es sind oft Männer, die als Vorbilder dienen. Warum das so ist, liegt auf der Hand: Es gibt schlicht zu wenig Frauen, die in exponierter Stellung in Wirtschaft, Gesellschaft oder Politik das Sagen haben. Männer geben den Ton an, konstatiert denn auch die *ZEIT* im März 2021: egal, ob in den Runden deutscher Ministerpräsidenten (2 Frauen, 14 Männer), in den Chefbüros der deutschen Lokalzeitungen (Frauenanteil: 7,4 Prozent), in DAX-Vorständen (Frauenanteil: 14,6 Prozent), in den Leitungen deutscher Theater (Frauenanteil: 22 Prozent) oder auch unter Nobelpreisgewinnern (weniger als 6 Prozent Frauen).

> Klar, wir hatten Angela Merkel, die Amerikaner Kamala Harris, außerdem endlich mal wieder zwei Nobelpreisträgerinnen. Aber die ganz großen weiblichen Vorbilder sind vor allem in der Wirtschaft nach wie vor rar gesät. Das bestätigt auch der alljährliche Gleichstellungsbericht der AllBright-Stiftung. 2017 trug er den schönen Namen »Ein ewiger Thomas-Kreislauf?« und legte dar, dass Vorstände deutscher DAX-Unternehmen in der Regel männlich besetzt sind und viele ihrer Mitglieder den Vornamen Thomas tragen. Das ist bis heute nicht besser geworden. Es sitzen immer noch mehr Thomasse in deutschen Vorständen als Frauen. Ein interessantes Phänomen, aber leicht zu erklären: Thomas stellt gern Thomas ein oder auch Michael, aber selten Angela oder Katharina. Bis heute hat sich an diesem Fakt nicht viel geändert – auch wenn das Thema es deutlich häufiger als früher auf die öffentliche Diskurs-Agenda schafft –, der Thomas-Faktor ist nach wie vor präsent. Erstaunlich, wenn man bedenkt, dass mehr als die Hälfte der Menschen mit Abitur und Studierende mit Abschluss weiblich sind. Mit 45 Prozent ist auch der Frauenanteil bei Promovierenden hoch.

Was ist zu tun? Wir brauchen eine Rolemodel-Kultur. Miriam hat das einmal sehr schön auf den Punkt gebracht, als sie in einem Interview sagte: »Vorbilder machen vor und weisen den Weg.« Eine Kultur, die diesen Vorbildern mehr als eine Bühne gibt, die es schafft, ihre Geschichten so zu erzählen, dass sie für nachfolgende Generationen nachahmens- und erstrebenswert werden. Und nein, die vielen Initiativen, die sich auf diesem Feld tummeln, reichen nicht. Sie sorgen zwar – und das tun sie sicher gut – für ein thematisches Setting in der Öffentlichkeit, nicht aber für die Vorbild-Kultur, die mir vorschwebt. Mir fehlen die persönlichen Geschichten, die persönlichen Erfahrungen, die sich nicht nur in Büchern wie diesem niederschlagen, sondern die es zum Beispiel auch auf die Lehrpläne schaffen. Die großen Entdecker und Eroberer sind uns ja allen präsent, die großen Erfinderinnen eher selten.

Unsere Vorbild-Expertin Antje Neubauer

Eines dieser weiblichen Rolemodels ist für uns Antje Neubauer, die in diversen Konzernen, wie etwa der RWE AG oder bei Thames Water, eine sehr steile Karriere machte. Zuletzt führte sie als Chief Marketing Officer das Marketing und die PR der Deutschen Bahn; 2018 wurde sie vom PR Report als Kommunikatorin des Jahres ausgezeichnet. Aktuell ist sie Aufsichtsratsvorsitzende der Syzygy Group und unterstützt die Agentur 365 Sherpas als Senior Advisor.

Vorbildliche Chefs

Von Antje Neubauer

Wenn ich an meinen beruflichen Anfang zurückdenke, dann waren mein Engagement und mein gelerntes Wissen nach dem universitären Abschluss sicherlich gut und wichtig, aber richtig gelernt habe ich meinen Job erst vor Ort. Ich durfte Chefs und Kolleg:innen über die Schulter blicken. Fachwissen wurde mit mir geteilt und ich habe gelernt, mich in Teams einzubringen, zu reiben, auseinander- und durchzusetzen. All das ist ein wesentliches Fundament meiner beruflichen Entwicklung, meiner Karriere von heute.

Früh in meiner Laufbahn wurde mir die Chance eingeräumt, Chefs zu ihren Terminen und auf ihren Geschäftsreisen zu begleiten. Man traf Vertreter aus Politik, Kunden oder Partner. Es ging neben der klassischen Verhandlung häufig auch um das Überwinden von kulturellen Differenzen, das Schaffen von Transparenz und das Managen von Erwartungen. Mein Mehrwert in diesen Meetings mag zu Beginn meiner Karriere sicherlich für die anderen Teilnehmer reduziert gewesen sein. Aber für mich war es eine steile Lernkurve. Wie verhandelt man? Wie pflegt man ein kollaboratives Miteinander? Wie erarbeitet man Kompromisse oder auch – wie zeigt man jemandem ganz klar seine Grenzen auf?

Deutlich geprägt hat mich das gemeinsame Arbeiten mit meinen drei letzten CEOs. Alle haben – wie ich natürlich auch – ihre

Stärken und Schwächen. Darum geht es hier aber nicht. Es geht darum zu verdeutlichen, was ein Miteinander schafft. Hartmut Mehdorn war zum Beispiel ein Visionär, mutig, furchtlos und durchsetzungsstark. Das hat mich mitgerissen, überzeugt und in meinem Verhalten gestärkt. Wenn er an etwas glaubte, dann konnte er Berge versetzen, auch wenn es das eine oder andere Mal wehtat.

Die sehr enge Zusammenarbeit mit Rüdiger Grube hat mich in noch stärkerem Maße beeinflusst und geprägt. Dies aber in ganz anderer Weise. Von ihm konnte man lernen, was ein geerdeter Auftritt ist und was Versöhnung bedeutet. Er schaffte es innerhalb kürzester Zeit, seinem Gegenüber – egal ob »bedeutend« oder »nicht« – das Gefühl zu geben, dass er nur bei dieser Person ist. Er wusste innerhalb kürzester Zeit Nähe aufzubauen: durch seinen Blick, seinen klaren Augenkontakt, seine Körperausstrahlung, seine Gesten und Worte. Er schaffte es stets, einen besonderen Moment zu kreieren. Eine Fähigkeit oder auch Begabung, die viele nicht haben, die aber doch so wichtig ist.

Richard Lutz, der aktuelle CEO der DB, pflegt einen eher leisen Auftritt. Er sucht nicht unbedingt die Bühne, kann diese aber exzellent füllen. Ein ganz klares Wertesystem begleitet ihn in seinem Denken, seinen Entscheidungen und seinem Handeln. Die Zusammenarbeit mit ihm war stets anspruchsvoll, aber hat mir auch große Freude und Zufriedenheit gebracht. Er ist hervorragend in der Formulierung von Erwartungen und er lebt Wertschätzung. Von dem respektvollen und wertschätzenden Umgang können sich viele eine Scheibe abschneiden.

Richard Lutz ist noch heute im Berufsleben ein Vorbild für mich. Und – ich pflege und profitiere von meinem Netzwerkengagement, ohne das ich wahrscheinlich nicht da wäre, wo ich heute bin. Mich haben Männer und Frauen gleichzeitig geprägt und gefördert, wenn auch meine letzten drei CEOs Männer waren. Ich bin aber davon überzeugt, dass zum Beispiel der nächste CEO der DB weiblich sein wird.

Worauf ich hinaus will: Die Digitalisierung ist sicher ein Gewinn, für die Gesellschaft, die Bildung und vor allem für die positive Entwicklung der Wirtschaft. Wir müssen aber unbedingt darauf achten, dass wir unser Bedürfnis nach menschlicher Nähe nicht nur zulassen, sondern aktiv fordern und fördern. Wir sollten den Gang ins Büro als Chance verstehen. Wir sollten aktiv das Miteinander suchen. Wir müssen netzwerken, netzwerken und netzwerken. Netzwerke gründen und/oder uns ihnen anschließen. Ganz bewusst, ganz gezielt. Hier geht es nicht um Masse, hier zählt Klasse. Die Fragen nach dem »Was ist mir wichtig, was fehlt mir?« und »Was kann ich einbringen?« sollten unbedingt durchdacht sein. In diesen Netzwerken geht es nicht darum, Vetternwirtschaft zu betreiben, das ist die alte Welt. Moderne Netzwerke sind Räume für den Austausch von Wissen und Erfahrungen. Und dies in einem zutiefst offenen, wertschätzenden und inspirierenden Umfeld. Man teilt, unterstützt und hilft. Und es wird einem geholfen. Die Idee ist das gemeinsame Wachsen und nicht der Wettbewerb. Wir müssen ein gesundes Maß an Netzwerkformaten schaffen, eine regelmäßige Meetingkultur etablieren und das Teilen zulassen.

Und: Wir sollten bewusst und aktiv auf Menschen zugehen und unsere Themen adressieren – hierfür sind Netzwerke ein sehr guter Ort. Sigrid Nikutta, CEO von DB Cargo, trat erst kürzlich dem Frauennetzwerk »Generation CEO« bei und erklärte diesen Schritt mit dem Satz: »Man ist nie zu alt und es ist nie zu spät zum Netzwerken.«

Gerade in Zeiten der Pandemie, in der viele Frauen – natürlich auch Männer, laut Statistik aber deutlich mehr Frauen – mehr durch Kinderbetreuung und Arbeit belastet waren, hat die Vereinbarkeit von Kindern und Karriere deutlich gelitten. Es ist schwer, beruflich sichtbar zu bleiben. Es ist also eine logische Konsequenz, dass gerade Frauen den Austausch mit Gleichgesinnten suchen. Doch die Erfahrung zeigt, dass Frauen nicht ganz so karriereorientiert netzwerken wie Männer. Die Expansion und Professionalisierung von Frauennetzwerken ist eine beeindruckende und positive Entwicklung. Um die Anzahl von Frauen in Führungspositionen zu steigern, sind Netzwerke optimal.

Die Psychologin Penelope Lockwood fand jüngst in einer Studie heraus, dass gerade Frauen sich eher mit ihresgleichen identifizieren und diese bevorzugt als Vorbild akzeptieren und ansehen. Frauennetzwerke sind also gut und wichtig. Aber genauso wichtig sind männliche oder männlich dominierte Netzwerke. Über viele, viele Jahrzehnte konnten hier Strukturen und Verflechtungen aufgebaut werden. Diese Verbindungen und Kontakte sind ein hohes Gut. Und schließlich sitzen bis heute im Schwerpunkt Männer in Führungspositionen. Es wäre also naiv und fahrlässig, wenn man den Kontakt, das Wissen und die Erfahrungen von Männern für sich nicht nutzt. Eine Frontenbildung zwischen Männern und Frauen ist Unsinn. Die Notwendigkeit und der Erfolg von gelebter Diversität ist hinlänglich diskutiert und bekannt. Es geht, gerade in Frauennetzwerken, eher darum, den intensiven Austausch unter Gleichgesinnten zu fördern und gleichzeitig den Zugang zu männlich dominierten Netzwerken zu pflegen und von ihnen zu profitieren, wie auch die Männer von dem Austausch mit Frauen profitieren zu lassen. Hier muss Gegenseitigkeit gelebt werden.

Bleibt also festzuhalten: Die Digitalisierung in Gesellschaft und Wirtschaft ist ein Gewinn, erfordert aber mehr Netzwerkengagement denn je. Die Kunst liegt zukünftig darin, Arbeiten und Netzwerken unter einen Hut zu bringen und dies mit dem Wissen, dass Zeit nicht beliebig vermehrbar ist.

Unsere Vorbild-Expertin Deepa Gautam-Nigge

Eine weitere Vorbildfrau für uns ist Deepa Gautam-Nigge von SAP, die die Welt der Start-ups ebenso gut kennt wie die Welt der Konzerne. Sie knüpft nämlich in ihrer Funktion für den Tech-Konzern Verbindungen zu spannenden Start-ups und Hochschulen. Uns hat sie erzählt, worin sich beide Welten unterscheiden und was die eine von der anderen lernen kann. Für unser Buch haben wir sie gefragt: Konzern versus Start-up: Was ist karriereförderlicher?

Konzern versus Start-up: Was ist karriereförderlicher?

Von Deepa Gautam-Nigge

Ende des Jahres 2000 war ich in den letzten Zügen meines Studiums und wollte eigentlich nur fertig werden. Ich hatte, nach einer intensiven Phase, in der ich versuchte, ein Studium im Bauingenieurwesen zu überleben, an der RWTH Aachen BWL mit Schwerpunkt Technologie- und Innovationsmanagement studiert. Parallel dazu war ich bei einem renommierten Institut als Research Assistant mit Themen wie Service Engineering und Software-Auswahl beschäftigt. Meine Vorstellung davon, wie mein erster Job nach dem Studium aussehen sollte, war hinreichend vage. Aber da ich bereits während meines ersten Studiums parallel ein Sportgeschäft mit aufbauen und mitführen konnte, war auch klar: Es sollte etwas »Neues« sein, vielseitig bitte auch. Und: eine starke »menschliche« Komponente haben. Möglichkeiten gab es einige – ich war mir aber immer sicher, dass das Team stimmen musste, ein Team, in dem alle an einem Strang ziehen – das wollte ich.

Eine naheliegende Option und damals ernsthafte Überlegung: am Institut zu bleiben und zu promovieren – aber irgendwie auch zu langweilig. Aufgrund meiner Erfahrung mit dem Aufbau eines Unternehmens erschien mir die Möglichkeit, in die Aufbau-Phase eines Start-ups einzusteigen, am reizvollsten. Eine Konzernkarriere hatte ich zu diesem Zeitpunkt definitiv weder auf der Agenda noch irgendwie im Sinn.

Der Reiz, in einem Start-up ohne lange Firmenhistorie ein neues Geschäftsmodell in den Markt zu bringen und etablierte Einkaufsstrukturen zu verändern, das lag mir: ein Unternehmen von Grund auf über die komplette Wertschöpfungskette hinweg zu verstehen und zu gestalten, sich jeden Tag auszuprobieren. Chancen zu ergreifen und Grenzen zu spüren, alles, was wir taten, machten wir zum ersten Mal. Außer mir hatte niemand Erfahrung als Unternehmer – so waren die Lernkurven für uns alle ebenso schmerzhaft wie steil.

Warum dann doch der Schritt in den Konzern? Nach meiner Zeit im Start-up war der Schritt in die Konzernwelt für mich ein naheliegender – hatte ich doch durch die Kundenbeziehung zu großen Konzernen deren Wirk- und Arbeitsweise kennen- und schätzen gelernt.

Hinzu kam die wirtschaftliche Komponente: Ein Arbeitsplatz im Konzern war eindeutig sicherer als in einem Start-up. Und ich wusste, wovon ich sprach. Schließlich hatten wir auch im Start-up teilweise schwierige Zeiten zu überstehen. An den Druck, den ich verspürte, wenn es darum ging, dass mein Verkaufserfolg für die Zahlung der Gehälter verantwortlich war, erinnere ich mich noch heute. Ebenso wie an die damit verbundenen schlaflosen Nächte. Die schiere Größe und funktionale Breite in einem Konzern, die Aktivitäten in mehreren Geschäftsfeldern gaben mir Sicherheit. Ich wusste: Der Unternehmenserfolg lastete nicht allein auf meinen Schultern, sondern war auf viele verteilt. Selbst wenn sich der eigene Job aufgrund zahlreicher Reorganisationen veränderte. Denn auch dann gab es oftmals Chancen und Möglichkeiten in den Weiten des Konzerns. Man musste sie nur nutzen.

Aber wie fühlt es sich an, nach einem Start-up in einem großen Konzern zurechtzukommen? Im Start-up war ich gefordert, ständig zu improvisieren. Es gab – anders als im Konzern – kaum festgeschriebene Prozesse, auf die ich mich berufen oder verlassen konnte. Diese Rahmenbedingungen, die jedes Start-up auszeichnen, förderten meine Fähigkeit, in kurzer Zeit kreative eigene Lösungswege zu entwickeln. Klar: Im Gegensatz zu einem etablierten Konzern sind die Ressourcen in einem Start-up sehr begrenzt. Ob Budget, Ausstattung, Zeit oder auch Mitarbeiter – eigentlich fehlt es in den ersten Jahren an allem. Und doch: Ein Start-up ist ein regelrechter Booster für Kreativität und Free Style. Eigenschaften, die ich mir – auch im »Konzernballett« – bewahrt habe.

Die andere Seite der Medaille: Die hohe Eigenverantwortung, die ich im Start-up hatte, erhöhte den Druck und auch die Arbeitsgeschwindigkeit. Während ich selbst an dieser Herausforderung kontinuierlich wachsen konnte, auch wenn es oft schmerzhaft war, hätten klare Strukturen, Prozesse und Zuständigkeiten eines Konzerns auch vieles im Team und für mich abfedern können. So hat man in einem Start-up schlicht keine Zeit, sich in neue Themen einzuarbeiten – dafür gingen bei mir die Nächte drauf.

Oft wird in Konzernen die ausufernde Meeting-Kultur kritisiert. Es ist nicht so, dass es in Start-ups keine Meetings gibt. Aber sie sind deutlich seltener und sehr viel ergebnisorientierter, weil die Zeit eigentlich immer knapp ist. Die meisten Dinge bespricht man eher mal pragmatisch an der Kaffeemaschine oder am Arbeitsplatz; mittlerweile auch über diverse Online-Tools und -Chats wie Slack, Microsoft Teams & Co. Das heißt: mehr Zeit für die eigentliche Arbeit und weniger zeitfressende Sitzungen. Auch lange Entscheidungswege und aufwändige bürokratische Prozesse fallen weg. Aber: Wie bestimmte Dinge zu handhaben und zu erledigen sind, war meist nirgendwo oder nur unzureichend festgehalten. Man macht einfach. Leider bleibt dabei eine sorgfältige Dokumentation auf der Strecke. In unserem Fall machten wir eigentlich fast alles zum ersten Mal.

Im Konzern gibt es dagegen nicht nur klare Strukturen und Vorgaben für Arbeitsprozesse. Es gibt immer auch Verantwortliche, an die man sich bei Fragen und Unklarheiten wenden kann. Und die am Ende noch einmal einen prüfenden Blick auf die erledigte Arbeit werfen und damit sicherstellen, dass alles seine Richtigkeit hat. In Start-ups herrscht eine sehr flache Hierarchie, was auch bedeutet, dass jeder ranmuss. Auch ich als Berufsanfängerin wurde direkt ins kalte Wasser geschmissen und hatte sofort, wie übrigens alle meine Kollegen, ein hohes Maß an Verantwortung zu tragen. Zum Credo »Own your Project« gehörte ein Stück weit auch »Komm allein zurecht«. Im Konzern hingegen warten Vorgesetzte und Zielvorgaben sowie – für die weitere Karriereplanung – eine bestens organisierte Personalabteilung, die nicht nur die Leitplanken setzt, sondern auch bei allen Fragen rund um Aufgaben und Prozesse zugänglich und wertvoller Sparringspartner ist.

Musste ich zu Beginn im Start-up vom Schreiben der Pressetexte, der Kundenakquise und dem Eindecken des Tisches für ein Event alles selbst in die Hand nehmen, so gibt es im Konzern für all das Abteilungen, die mit Erfahrung und eingespielten Teams für eine Professionalisierung der Abläufe sorgen.

Auch für die persönliche Weiterentwicklung – die in einem Start-up in der Regel dem Tagesgeschäft geopfert wird – ist ein Konzern eine gute Adresse. Zu meinen wichtigsten Erkenntnissen in diesem Zusammenhang zählen: Finde Personen, Mentoren, die dich aktiv in deiner Karriere unterstützen. Finde heraus, wer welchen Einfluss worauf besitzt und mit welchen Themen du deine eigene Karriere weiterentwickeln möchtest. Im Konzern wird knallhart Politik betrieben – aber ohne das existierende interne Beziehungsgeflecht kommt man nicht weit. Anders als im Start-up bedeutet das ganz konkret: Netzwerken innerhalb des Unternehmens und innerhalb der Abteilungen. Pragmatischer Tipp in diesem Zusammenhang: »Never lunch alone« – dabei im Austausch mit den Kollegen, immer wissen und verstehen, welche Prioritäten derzeit hoch auf der strategischen Agenda stehen und welche davon sich mit deinem individuellen Skillset gezielt angehen lassen.

Konzernkarrieren werden nicht nur durch harte Arbeit möglich. Wer die Karriereleiter im Konzern emporsteigen will, denkt dabei klassischerweise zunächst einmal an harte Arbeit, die jeden Tag zu ein bisschen mehr Erfolg am Arbeitsplatz führt. Dazu gehört selbstverständlich auch: sich im Job hervorzutun und sich mit dieser Leistung und dem Blick auf den Vorgesetzten zu beweisen. Das allein sorgt aber noch nicht für den Karriereschub. Selbstverständlich ist eine gute Leistung die Grundlage dafür, beruflich erfolgreich zu sein und die nächste Karrierestufe zu erklimmen. Was man daneben auch bedenken muss: Die Karriereleiter steht nicht im Büro neben dem eigenen Schreibtisch – zumindest nicht immer –, manchmal steht sie auch an der falschen Wand.

Man sollte sich, will man ernsthaft Karriere im Konzern machen, immer vor Augen führen, welche Themen die strategischen Wachstumstreiber sind. Eine Abteilung, deren Bereich einen zwar inhaltlich interessiert, aber nur indirekt oder gar nicht als Umsatztreiber gesehen wird, eignet sich nur bedingt dazu, auch außerhalb der eigenen Abteilung gesehen zu werden. Klar kann man diese Entwicklungspfade gehen, läuft dann aber Gefahr, dass man nur mit dieser Funktion in Verbindung gebracht wird. Denn auch im Konzern gilt, dass die letzte Rolle im internen Lebenslauf relevant ist für den nächsten

Schritt. Ebenso wichtig für die interne Weiterentwicklung: Strebt man eine Management-Karriere an, braucht es Führungskompetenz. Dafür lohnt auch der Blick über den Zaun, sprich: in eine andere Abteilung. Denn entscheidend ist in diesem Fall der breitere Blick über verschiedene Abteilungen hinweg, um die Organisation auch im Wechselspiel zwischen Abteilungen und Fachbereichen steuern zu können.

Auch die vielbeschworene Extrameile, sprich: das Engagement außerhalb des Unternehmens und der Arbeitszeit, ist für eine Karriere im Konzern hilfreich. Denn genau damit kann man sich wirklich von anderen Kollegen und der Konkurrenz in der Arbeitswelt abheben. Freizeit dient selbstverständlich immer auch der Erholung – und das soll auch so bleiben –, doch einige Abende oder gelegentlich auch ein Wochenende sollte man der persönlichen Weiterentwicklung spendieren. Ich persönlich habe zum Beispiel eine Übergangszeit zwischen zwei Jobs genutzt, um mich einige Wochen gezielt in ein bestimmtes Thema einzuarbeiten. Über die Jahre bin ich auch in meiner Freizeit kontinuierlich (wenn auch nicht ständig) drangeblieben. Diese »Extrameilen« haben wesentlich zu meiner aktuellen Rolle beigetragen.

Unabdingbar ist eine Analyse der »eigenen« Wettbewerbssituation, sprich: die Analyse der eigenen Fähigkeiten und des »internen Arbeitsmarktes«. Es hilft, die Trends in der eigenen Branche zu verfolgen, über den Tellerrand zu schauen – sowohl in angrenzende Abteilungen als auch in andere Unternehmen. In Zeiten, in denen Branchengrenzen immer mehr verschwimmen und Digitalisierung in alle Bereiche hineindiffundiert, ist es essenziell, auch von anderen Branchen zu lernen und für sich sowie die eigene Organisation Impulse für die Weiterentwicklung zu setzen.

Denn auch für eine Karriere im Konzern gilt: Wenn man nicht weiß, welchen Hafen man ansteuert, ist kein Wind günstig. (Seneca der Jüngere)

Vorbilder in Zahlen

Mentoring gilt als wichtiges Instrument für die Karriere- und Nachfolgeplanung.

71 % halten Mentoring für ein wichtiges Instrument für die Karriere- und Nachfolgeplanung.

Laut aktueller Forschung fühlen sich sowohl Mentor als auch Mentee stärker mit ihrem Unternehmen verbunden. (Forschung von Rajashi Gosh, Drexel University, und Thomas G. Reio, Florida International University; erschienen bei t3n, 2019)

Führungskräfte sind »Vorbilder qua Amt«.

Accenture befragte 2005 mehr als 240 Manager:innen in Sachen Vorbild und fand heraus:

80 % der Führungskräfte geben an, sich im Berufsleben ihre Vorbilder gezielt gesucht zu haben.

42 % der Manager:innen finden ihre Idole im privaten Umfeld. Kolleg:innen oder Vorgesetzte nannte nur jeder Vierte.

Damit jemand als Vorbild taugt, muss er beim Gegenüber einen Wunsch erwecken (»das möchte ich erreichen«) und gleichzeitig an sich selbst erinnern (»so bin ich auch«). Sagt die Psychologin Sapna Cheryan von der University of Washington.

gründerzeit

Miriams Geschichte

Einmal kurz die Welt retten ... Plädoyer für eine neue Gründerzeit

Unternehmensgründung?
Ja, bitte. Und bitte mehr davon.

Das traurige Ende meines Weltentdeckungsjahres stellte mich vor die Frage: Was nun? Fest stand: Ich wollte etwas mit Reisen, mit Tourismus machen. Beherzt griff ich zum Telefon und fragte bei einem der größten deutschen Tourismusunternehmen nach einem Ausbildungsplatz. Meine Anfrage stieß auf großes – für mich sehr befremdliches – Unverständnis: So einfach ginge das nicht, ich könne doch nicht erwarten, mit einem »Hoppla, hier bin ich« eine begehrte Lehrstelle zu bekommen, und ohne Unterlagen ginge das schon einmal gar nicht. Der anschließende Weg zum Arbeitsamt war bitter und leider unvermeidlich. Das Angebot der obersten Arbeitsvermittlungsbehörde: Tagesmutter. Ein eher verzweifelter Versuch, mich unterzubringen, zumal ich mit Kindern damals eher weniger anfangen konnte. Nach einem Monat war dieser Ausflug dann auch schnell beendet.

Auf der Suche nach Alternativen hatte ich bereits während dieser Zeit angefangen, Unternehmen der Region anzurufen und nach Jobs zu fragen. Was genau es sein sollte, würde sich schon ergeben, dachte ich – und stieß mit meinen Sprachkenntnissen und einem mir offenbar in die Wiege gelegten Verkaufstalent (in diesem Fall der Verkauf meiner eigenen Person) bei einem großen IT-Unternehmen auf offene Ohren. Ehe ich mich versah, war ich Vertriebsassistentin. Überzeugt hatte ich vor allem mit meinem unverstellten Auftreten; ich war meinem neuen Chef schlicht sympathisch. Ich organisierte Vertriebstreffen, erledigte die Geschäftskorrespondenz, lernte das Konzernleben kennen – und suchte weiter nach einem Ausbildungsplatz. Irgendeinen Abschluss, so hatte ich es ja gelernt, muss man ja haben, wenn man durchstarten will. Sehr deutsch, wie ich heute weiß – zeigt doch der Blick über den Atlantik, dass es auch anders geht. Bill Gates und Mark Zuckerberg sind nur zwei Beispiele erfolgreicher Menschen, die ihr Studium abgebrochen und beide Milliardenunternehmen gegründet haben. Nicht falsch verstehen: Ich will hier nicht den Studienabbruch schönreden oder gar empfehlen, aber ich will ihn wenigstens einordnen und relativieren. Der Abbruch einer Ausbildung, eines Studiums macht einen Menschen nicht automatisch zum Verlierer, sondern kann auch ungeahnte Chancen eröffnen.

Nina sagt: Für mich stand immer fest, dass ich Abitur machen und studieren wollte. Aber auch ich hatte wie Miriam im Kopf: Ohne Abschluss bist du nichts. Außerdem hatte ich zu Hause gelernt: Was man anfängt, führt man auch zu Ende. Mit meiner ausgeprägten Freude am Wettbewerb war ich dabei meistens schneller als andere: So machte ich als eine der Jüngsten meines Jahrgangs Abitur, studierte in Rekordzeit. Und: Ich hatte Glück. Vieles hat sich bei mir einfach gefunden, ohne dass ich mich versuchen oder suchen musste.

Berufliche Anfänge

Zurück nach Baden-Württemberg. Meine Suche nach einem Ausbildungsplatz hatte schließlich Erfolg: Ein Leonberger Reisebüro bot mir eine Ausbildung als Reiseverkehrskauffrau an. Ich verließ das IT-Unternehmen mit einem lachenden und einem weinenden Auge. Denn der Job hatte mir Spaß gemacht, mir gezeigt, was geht und was ich erreichen kann, wenn ich will. Die Ausbildung im Reisebüro dagegen langweilte mich; nach Verkürzung meiner Lehrzeit (mit Abitur auch heute noch möglich) hielt ich 18 Monate später das begehrte Abschlusszeugnis in der Hand – und kündigte fast unmittelbar. Diese Welt erschien mir einfach zu klein. Mir ging es, das zeigt diese Kündigung deutlich, ausschließlich um das Zeugnis. Mein nächster Schritt führte mich in den Vertrieb bei einem Reiseveranstalter; ich hatte auf einer Veranstaltung jemanden kennengelernt, der, wie er sagte, immer gute Leute suchte. Und so verkaufte ich Reisepakete an Reisebüros, mit Erfolg und vielen Prämien. Allerdings auch mit einem extrem mageren Grundgehalt, das ich durch etliche Zweitjobs in der Gastronomie aufbesserte. Ein Zufall führte mich schließlich nach Düsseldorf: Mein späterer Mann hatte dort ein Jobangebot erhalten. Ich ging mit und bewarb mich bei einem weltweit agierenden Transport- und Logistikunternehmen, das auch eine große Reisesparte besaß, und wurde eingeladen. Die Chefin dort war – nach meiner Patentante – das besagte zweite Rolemodel in meinem Leben, aus besagten Gründen. Sie war dynamisch und inspirierend – all das, was für mich ein guter Chef, eine gute Chefin sein sollte.

Schöne neue Welt

Das Jobangebot kam, es ging nach Düsseldorf. Mit deutlich höherem Gehalt und erstem eigenen Firmenwagen. Meine Aufgabe: Verkaufsleiterin im Geschäftsreisemarkt. Ich hatte viel mit großen Kunden zu tun, musste präsentieren, lernte viel. Zwei Jahre blieb ich, dann verließ meine Vorbild-Frau das Unternehmen. Und ich? Bekam den besagten, nicht inspirierenden Chef, der nichts falsch machte, aber eben bei mir auch nichts richtig. Ich schätzte und ich respektierte ihn nicht.

Die Erkenntnis dieser Zeit: Für solche und mit solchen Menschen möchte ich nicht arbeiten. Hinzu kam: Die Reisebranche und ihre Kostenstruktur veränderten sich, die Serviceleistungen, die ich jetzt verkaufen sollte, ließen nur noch wenig Verhandlungsspielraum. Für eine Vertrieblerin wie mich damals fatal. Eine Alternative, eine neue Perspektive musste her. Die bot sich 2000 über einen Zufall im damals noch völlig unbekannten Terrain der Online-Bezahl-Lösungen.

Im Jahr 2000 fingen die ersten Touristikunternehmen an, Flugtickets über das Internet zu verkaufen. Eine echte Chance, wie ich fand. Touristik-Know-how, gepaart mit Vertriebskompetenz und großer Abenteuerlust – das passte.

Ich stieß mit meinem Wechsel in die digitale Welt auf großes Unverständnis. So gut wie niemand, außer meinem Mann, konnte nachvollziehen, dass ich die Geborgenheit eines Konzerns gegen die unsichere Welt eines Start-ups (damals nannte man das noch »Internetunternehmen«) mit 15 Beschäftigten aufgeben wollte. Für mich war es ein faszinierendes Abenteuer und der Grundstein für mein eigenes Unternehmen. Acht Jahre blieb ich – so lange wie noch nie zuvor. Es war eine spannende und aufregende Zeit, geprägt von ganz neuen, noch nicht erprobten Ideen, von Menschen, die wie ich für das Thema brannten und immer erfolgreiche Wege fanden. Es gab wenig Zwänge, dafür viel Raum für eigene Lösungen.

Absprung mit Gründungspotenzial

Mit den Jahren veränderte sich das Unternehmen und wurde an eine Großbank verkauft. Der Spirit der Anfangsjahre war verflogen, die Zeiten wurden härter. Die neue Eigentümerbank regierte immer heftiger in das Unternehmen hinein. Mitte 2008 wurde die Stimmung immer negativer und ich entschied mich, die Bank zu verlassen. Dann kam die Finanzkrise, die Folgen waren ein Kollaps und eine Verstaatlichung der Bank. Ich habe das offenbar irgendwie gespürt, bin jedenfalls kurz vor dem Ende der Firma zu einem Wettbewerber gegangen. Schon nach wenigen Monaten war klar: Hier bleibe ich nicht. Die Freiheiten, die ich acht Jahre genossen hatte, gab es hier nicht. Stattdessen konzernartige Strukturen mit langwierigen Entscheidungswegen und wenig Spielraum für eigene Ideen. Dabei gestaltete sich der Start sehr vielversprechend: Als Country Manager sollte ich das Büro in Deutschland aufbauen.

Eher lustlos managte ich die Deutschland-Dependance. Ich blühte erst wieder auf, als wir mit einem potenziellen Neukunden über die besten Zahlungslösungen für den deutschen Markt diskutierten. Mein Unternehmen hatte damals nur internationale Online-Bezahlarten wie die Kreditkarte und PayPal im Portfolio. Das waren in Deutschland aber eher unbeliebte Zahlungsarten – die Deutschen bezahlten, verwöhnt von den großen Versandhändlern wie Otto oder Quelle, im echten Leben am liebsten auf Rechnung oder per Rate. Das wollten wir online abbilden und auch weitere Bezahlmodelle auf den Weg bringen. Ein spannendes Vorhaben – nicht allerdings für die Firma, für die ich damals arbeitete. Die hatten schnell das Interesse an der Idee verloren und sie nicht weiterverfolgt. Irgendwann habe ich mich gefragt: Warum mache ich das eigentlich nicht selbst? Ich hatte es ja schon einmal bei meinem Vorbild – meinem früheren Chef bei Bibit, heute Adyen – Pieter van der Does gesehen, wie es geht.

Nina sagt: Ich habe mich oft in meinem Leben gefragt, warum gründest du nicht auch ein Unternehmen? Wirst erfolgreich mit einer eigenen Idee? Um es kurz zu machen: Mir fehlte erstens die zündende Idee und zweitens der Mut. Ich war im Konzern gewachsen, bin gefördert worden, hatte Spaß am Lernen, war erfolgreich. Und satt. Ein eigenes Unternehmen aufzubauen, hätte bedeutet, all das hinter mir zu lassen, auf Komfort und auf finanzielle Sicherheit zu verzichten. Unabhängig davon liebte ich das, was ich tat. eBay hatte mir Perspektiven geboten und Chancen eröffnet, die ich so wahrscheinlich nirgendwo anders erfahren hätte. Ich habe Miriam immer für diesen Gründungsschritt bewundert und sehe heute als CEO ihres »Babys«, was sie in all den Jahren des Aufbaus geleistet hat.

Denkanstoß

Was treibt einen Gründer, eine Gründerin zur Gründung? Denken wir an große Pionier:innen der industriellen Entwicklung, an Henry Ford, Hugo Stinnes oder Friedrich Karl Henkel: Sie alle waren einer Idee verfallen, die sie so überzeugend fanden, dass sie gründeten – und zwar ausgesprochen erfolgreich. »I'm going to democratize the automobile«, sagte Henry Ford Anfang 1909 und entwickelte den Ford T, den sich auch Menschen leisten konnten, für die das Auto sonst ein nicht erschwinglicher Luxus geblieben wäre. Stinnes hatte sich vorgenommen, Licht in jede Köhlerhütte zu bringen, Henkel wollte ein Waschmittel entwickeln, das das mühselige Rubbeln der Wäsche ersetzte. Sie alle waren getrieben von starken Visionen und Zukunftsbildern. Auch heute gibt es diese »Vordenker:innen«. Man denke an Steve Jobs oder Bill Gates. Wollte der eine einen Computer entwickeln, der so leicht zu bedienen ist wie ein Toaster, wollte der andere mit Computern die Welt verändern. Beiden ist gelungen, was sie sich vorgenommen hatten. Sie haben außerdem Unternehmen geschaffen, in denen die Menschen heute noch mit Leidenschaft, mit Passion arbeiten. Sie haben eine Unternehmenskultur geprägt, die bis heute für einen Kultstatus sorgt, der seinesgleichen sucht.

Neustart mit Ratepay

Auch ich hatte diese eine starke Idee, die mich nach vorne getrieben hat und die das Bewusstsein von Ratepay entscheidend geprägt hat: Wir waren Pionier:innen beim elektronischen Rechnungs- und Ratenkauf, wir wollten ein analoges Modell digitalisieren. Unsere Vision: Wir wollten, dass alle Menschen im Internet genauso einkaufen und bezahlen konnten, wie sie es sich wünschten. Ich spürte damals bei der Gründung intuitiv und durch Gespräche mit vielen Kunden: Das ist der richtige Weg. Meine Begeisterung für das Thema riss auch unser Team mit, viele arbeiteten gehaltlich unter ihren Möglichkeiten – schlicht, weil wir einfach keine großen Gehälter zahlen konnten. Driven by passion eben. Und genau das hat alle Gründer der Vergangenheit bis heute angetrieben und für den entsprechenden Spirit, für Purpose gesorgt.

Aus der potenziellen Kundenbeziehung wurde eine Gründer:innen-Team-Beziehung. Wir starteten zu dritt, kannten uns kaum, aber brannten für diese eine Idee. Wir begannen langsam, machten die ersten Schritte neben unseren Jobs. Suchten uns dann noch einen Partner, der den gesamten Investoren-Part übernehmen konnte. Im Dezember 2009 war es schließlich so weit: Ratepay erblickte das Licht der Welt. Damals noch unter dem Arbeitstitel UbiPay. Wir waren ein First Mover! Es gab keinen Wettbewerber, der ein ähnliches Modell am Start gehabt hätte. Eigentlich eine ideale Ausgangssituation, die man heute sicher deutlich leichter hätte versilbern können als damals. Denn was fehlte, war das nötige Kapital, um diese Plattform überhaupt bauen zu können. Also gingen wir auf die Suche nach Geldgebern. Kein leichtes Unterfangen mitten in der Finanzkrise, in der die Finanzindustrie einen denkbar schlechten Ruf hatte, während die Risikokapitalbranche in Deutschland noch ziemlich klein war. Vor allem ich holte mir bei der Suche nach Risikokapital oft eine blutige Nase, nicht zuletzt und vor allem, weil man mir ein solches Unternehmen schlicht nicht zutraute. Eine Frau? Noch dazu mit diesem krummen Lebenslauf? Die will gründen? In einer solchen Branche? Das funktionierte für die meisten nicht. Niemand hat damals gesagt: Was ist das denn das für eine tolle Idee!

Denkanstoß

Frauen gründen selten. Das jedenfalls stellt der Bundesverband Deutsche Start-ups in seinem Female Founders Monitor 2020 fest und konstatiert: Unter deutschen Gründungen sind die weiblichen eher selten, lediglich 15,7 Prozent aller Start-up-Gründungen in Deutschland gehen auf das Konto einer Frau. Gleichzeitig bekommen gründungswillige Frauen deutlich seltener Risikokapital als ihre männlichen Pendants. Erschreckende 1,6 Prozent der Frauenteams geben an, Wagniskapital erhalten zu haben. Bei den männlichen Kollegen sind es dagegen stolze 17,6 Prozent. Das Female Investors Network primeCROWD, gegründet von der Journalistin Svenja Lassen, will das jetzt ändern und hat sich vorgenommen, den Anteil weiblicher Gründungen auf 25 Prozent zu bringen. Dafür hat das Netzwerk im Sommer 2021 erstmals einen Female Founder Pitch ins Leben gerufen, bei dem investitionswillige Investor:innen auf Gründerinnen treffen, die ihre Ideen pitchen. Eine bemerkenswerte Initiative, die hoffentlich mehr (weibliche) Bewegung in die Start-up-Szene bringt.

Der Kampf gegen die Bedenkenträger:innen

Der Gegenwind war heftig. Bedenkenträger:innen gab es viele, alle kommentierten, versuchten, mir die Idee auszureden. Manch eine hätte aufgegeben. Ich nicht. Vielleicht ist das auch eine meiner größten Stärken: Ich lasse mich von einer Idee, von der ich überzeugt bin, nicht so leicht abbringen, sondern presche vor, entscheide und ziehe durch. Das gelingt natürlich nicht immer – dann zum Beispiel, wenn es um ein Thema geht, in dem ich nicht gut genug informiert bin. So bin ich einmal beim Thema Geldanlage gescheitert – einfach, weil ich mich zu wenig auskannte. Nicht aber bei Ratepay: Ich wusste, diese Online-Bezahlplattform würde funktionieren. Bei Banxware, meinem 2020 gegründeten Unternehmen, bin ich ähnlich vorgegangen, habe meinen Kopf durchgesetzt – mit der Erfahrung, die ich bei Ratepay gemacht hatte, war diese zweite große Gründung ein deutlich leichteres Unterfangen als elf Jahre zuvor.

OTTO kommt

Zurück zu Ratepay. Die ersten Gespräche zur Finanzierung liefen katastrophal. Das Start-up-Ökosystem, wie wir es heute kennen, gab es damals nicht. Was blieb, war der Weg zum Arbeitsamt: Ich bemühte mich um einen Gründungszuschuss. 1700 Euro immerhin, sie hätten mir den Start erleichtert. Lebten wir doch alle in der Anfangsphase von Erspartem. Drei Mal ließ mich die Sachbearbeiterin damals antanzen, drei Mal habe ich präsentiert, um schließlich eine Absage zu erhalten. Die Begründung: zu kompliziert. Damals schwor ich mir: Nie wieder will ich von einer Behörde abhängig sein, wo Menschen entscheiden, die keine Ahnung von der freien Wirtschaft haben. Noch heute würde ich allen Gründer:innen abraten, sich in eine solche Behördenmühle mit ihren veralteten manuellen Prozessen zu begeben: zu unflexibel, zu innovationsfeindlich und zu wenig zukunftsorientiert. Lieber noch eine Runde mit Menschen drehen, die Lust auf neue Ideen und Investments haben. Unsere Rettung kam mit OTTO, dem Versandhandelsunternehmen, das 1949 mit einem Katalog gestartet war und sich heute zum weltweit zweitgrößten Plattformanbieter entwickelt hat.

OTTO erkannte das Potenzial der Idee sofort – wie auch nicht: OTTO hatte den Kauf auf Rechnung vor 70 Jahren erfunden und die sicherheitsliebenden Deutschen mit dem Prinzip »Erst die Ware, dann das Geld« beglückt. Nun boten wir die digitale Umsetzung an. OTTO stieg als strategischer Investor bei uns ein, ermöglichte uns die technische Entwicklung des Modells, stellte uns aber weniger Kapital als erhofft zur Verfügung. Außerdem wurden wir schon nach kurzer Zeit nach EBITDA gesteuert. Das ist schwierig für ein junges Unternehmen, das wachsen will. Wir mussten Umsätze mit Gewinnen generieren, konnten nicht wie andere VC-finanzierte Start-ups erst einmal alles in Innovationen oder in Marketing stecken. Also setzten wir auf ein sehr junges Team, holten uns Hochschulabsolventen, die Lust hatten, ein Unternehmen mit aufzubauen, und hungrig genug waren, etwas zu bewirken, dass sie sich auch mit niedrigeren Anfangsgehältern zufriedengaben. Manches Talent mussten wir ziehen lassen, weil wir schlicht zu wenig bieten konnten. Vertrieb und Marketing? Lagen vor allem bei mir. Ich ging raus, machte Termine, verkaufte. Auch uns als Marke.

Ich nutzte Veranstaltungen, Messen, Branchentreffs für Präsentationen und Vorstellungsrunden. Mein erster Auftritt vor 500 Menschen während einer Messe: Ich war aufgeregt, nervös und unsicher. Was man mir offenbar nicht anmerkte, denn das Interesse an Ratepay wuchs.

Denkanstoß

Die Pandemie hat das Gründungsklima in Deutschland stark beeinträchtigt. Das jedenfalls stellt die Kreditanstalt für Wiederaufbau (KfW) im September 2021 fest. Um 30 Prozent, so die KfW, sind die Neugründungen im Verhältnis zum Jahr 2019 gesunken, das Statistische Bundesamt meldet sogar knapp 50 Prozent. Viele Start-ups haben in den Krisenjahren außerdem deutlich schneller wieder zugemacht als üblich. Krisenresistent erweisen sich vor allem die mit Wagniskapital finanzierten Start-ups: Hier sind es nur 9 Prozent der Neugründungen, die kurz nach Start wieder vom Markt verschwinden. Weibliche Neugründungen liegen mit 5 Prozent übrigens auf einem historischen Tiefstand. Um kein Innovationspotenzial zu verschwenden, sollten mehr Frauen gründen, meint denn auch die KfW.

Tiefpunkte

2010 kam dann ein Jahr, das meinen persönlichen Tiefpunkt als Gründerin markierte. Ein Partner hatte sich aus dem Gründerkreis verabschiedet, weil es schlicht nicht passte. Meine Tochter war gerade in die Schule gekommen. Dann der große Schock: Bei einer Routineuntersuchung wurde bei mir ein Tumor gefunden. Da dachte ich kurz: Jetzt bricht alles zusammen. Jetzt geht nichts mehr. Und es ging doch: Zwei Monate arbeitete ich von zu Hause aus, habe dabei immer gedacht: Die brauchen mich doch, ich will nicht krank sein. Von der Diagnose zur OP verging keine Woche – Gott sei Dank hatte der Tumor nicht gestreut, konnte restlos entfernt werden. Ich war schnell wieder auf den Beinen, eine Kur danach oder gar den Schwerbehindertenstatus, der mir wenigstens für eine Zeit lang zugestanden hätte, lehnte ich ab. Ich wollte gesund sein, ich wollte Ratepay groß machen. Mit der entsprechenden Therapie, aber natürlich auch mit der Unterstützung meiner Familie und mit der mir eigenen Mentalität habe ich diese Zeit und auch die Krankheit schließlich überstanden. Mich hat diese Zeit stark gemacht, auch wenn sie mir deutlich gezeigt hat, dass das Leben endlich ist und man jeden Augenblick genießen sollte und man niemals aufhören darf zu kämpfen, egal wie schwer es ist.

Nina sagt: Eine schlimme Erfahrung, die Miriam hier mit uns teilt. Und eine, die ich, hätte ich sie mit meinem Konzernpolster gemacht, deutlich anders hätte bewältigen können. Als Angestellte fällst du – auch bei einer Diagnose wie dieser – ein wenig weicher als als Unternehmerin. Als Angestellte kannst du dir eine solche Krankheit leisten – was in diesem Zusammenhang eher zynisch klingt. Hier fängt uns das System auf: Krankschreibung, über sechs Wochen gedeckelt vom Arbeitgeber, ab 43. Krankheitstag bezahlt von der Krankenkasse. Das System sorgt dafür, dass du gesunden kannst. Als Unternehmerin ist das deutlich schwerer. Du leistest dir einfach keine Krankheit, was natürlich, wie wir alle wissen, keine gesunde Entscheidung ist. Irgendwann holt dich die Zeit, die du dir nicht genommen hast, unweigerlich ein.

Nina hat natürlich recht: Du musst dir in solchen Fällen im Normalfall einfach die entsprechende Auszeit nehmen. Aber: Die Zeit war damals einfach nicht normal. Jedenfalls nicht für mich. Es galt, mein Unternehmen nach vorne zu bringen. Ich bin mit der festen Überzeugung durch diese Zeit gegangen, dass meine Zeit noch nicht gekommen war. Und sollte recht behalten.

Umbruch und Durchbruch

OTTO stieg 2011 schließlich ganz bei Ratepay ein. Man ließ uns viel Spielraum und wir wuchsen. Nicht schnell, aber solide. Mein verbleibender Mitgründer verließ das Unternehmen. Ich schrie um Hilfe, und OTTO half schließlich mit einem Berater aus. Ein Glücksfall – für das Unternehmen und für mich. Der neue Mann neben mir, Jesper Wahrendorf, war für alles Finanzielle und Juristische verantwortlich, ich weiterhin für Vertrieb und Marketing. Die Zusammenarbeit war eng und konstruktiv: Wir mussten uns zusammenraufen, da wir jeden Vertrag nur gemeinsam unterzeichnen konnten. Wir wurden ein tolles Team, das man sich kaum diverser, und hier beziehe ich mich nicht auf das Geschlecht, vorstellen kann. Ich habe ihn gebeten zu bleiben und die Rolle des CEOs zu übernehmen.

2013 dann der große Durchbruch bei Ratepay: Wir gewannen eine große bekannte Fluglinie als Kundin – und schnell weitere namhafte Kunden dazu. Das Spiel drehte sich zu unseren Gunsten. Auch OTTO sah uns plötzlich mit anderen Augen an, vermittelte uns weitere Kunden. Wir wurden interessant, für den Markt und Investoren. 2016 wurden wir profitabel und 2017 erhielten wir unsere Finanzinstitutslizenz von der BaFin. Dann erfolgte der Verkauf an Private Equity (Advent International und Bain Capital), 2021 wurden wir Teil der an der Mailänder Börse notierten Nexi Group. Und heute? Beschäftigt Ratepay über 310 Mitarbeiter:innen – mit insgesamt 40 Prozent Frauenanteil, auf C-Level-Ebene sogar 57 Prozent – und bewegt ein Transaktionsvolumen von über 4,5 Milliarden Euro im Jahr und hat mehr als 300 Kunden, die auf unsere Zahlungsplattform setzen. Und ich? Habe das Steuer meines ersten Unternehmens im September 2020 übergeben: an Nina Pütz als CEO, die ein gewachsenes mittelständisches Unternehmen, das Ratepay inzwischen ist, managen, führen und auf das nächste Level heben kann.

Würde ich nochmals unter diesen Bedingungen gründen? Ja, ganz sicher! Die Idee für Ratepay war eine exzellente – das zeigt nicht zuletzt auch die Milliarden-Bewertung des großen Konkurrenten Klarna, der später, aber finanziell deutlich besser aufgestellt, in Deutschland gestartet ist. Und ich habe leidenschaftlich für diese Idee gebrannt. Zugegeben: Die Anfangsjahre waren hart, teilweise sehr bitter, haben mir aber auch gezeigt, dass ich Ideen umsetzen kann. Auch wenn zu Anfang nicht alles glatt läuft, es lohnt sich, dabeizubleiben. Bei meiner zweiten Gründung, Banxware, habe ich vieles, was ich bei Ratepay gelernt hatte, umsetzen können: Wir starteten mit einem Kompetenzteam und mit schnellem Investment. Aber ebenso wie bei Ratepay war es auch bei Banxware die Idee, die am Anfang stand, für die ich brannte und kämpfte und die es in dieser Form schlicht noch nicht gab.

Unsere Gründerzeit-Expertin Anna Yona

Eine sehr spannende Gründergeschichte kommt von Anna Yona. Auch sie hatte diese eine Idee, für die sie brannte, die sie antrieb, die sie begeisterte und die sie schließlich gemeinsam mit ihrem Mann Ran in ihrem Unternehmen »Wildling Shoes« umsetzte. Beide machen hier vieles anders als Unternehmer:innen, die normalerweise Schuhe produzieren.

Der Schock der ersten Million

Von Anna Yona

Gründen, durchstarten – und dann? Was tun mit dem #Geld? Wildling Shoes setzt auf #Purpose und #Impact: Wachstum in Grenzen ermöglicht die Schritte zum nötigen Wandel. #Vertrauen #Regeneration #Bodenhaftung

Dieser Tag musste kommen, das war nur logisch. Doch als er kam, stürzte uns der Blick in die Bücher in eine kleine Sinnkrise: Die erste Umsatzmillion, 2017 hatten wir sie erreicht. Mein Mann Ran und ich blickten uns an: »Um Gottes willen. Was haben wir damit vor?«

Wohlgemerkt, es ging um Umsatz, nicht um Rohertrag. Dennoch war die nackte, große, siebenstellige Zahl für uns kein Anlass, eine Flasche Sekt zu köpfen, sondern um innezuhalten. Was soll nun noch kommen, war die Frage. Es fühlte sich an, als verlange uns die Summe eine Weichenstellung ab. Unser Unternehmen Wildling Shoes, gegründet aus einer Art launiger Notwehr, lief gut. Viel besser als wir erwarten konnten, als wir beim Bankberater saßen und um 150 000 Euro Gründerkredit für unser Minimalschuh-Konzept baten. Und nun? Sollten wir freudig die Kapazitäten hochfahren, in Marketing investieren?

Noch mehr, noch größer, noch schneller. So lauteten tatsächlich Ratschläge aus unserem Gründerumfeld. Nehmt Investoren an Bord! Macht einen Plan für den Exit! Die Villa, das neue Auto! Ich habe gedacht: Stopp! Es braucht einen tieferen Sinn. Nicht einmal sportlicher Ehrgeiz wollte bei uns aufkommen, den nächsten Rekord anzustreben – etwa, 100 000 Paar Schuhe als Ziel auszurufen.

Stattdessen hat es in dieser Phase bei uns richtig klick gemacht: Das verdiente Geld kann und darf nur Mittel zum Zweck sein. Das wurde Ran und mir klarer denn je. Und unser Zweck müsste sein, Wirtschaft neu zu definieren. Zumindest würden wir dafür unser Bestes geben. Die Welt retten? So vermessen sind wir nicht. Aber wir sollten alles so tun, als könnten wir es.

Um das zu verstehen, muss man vielleicht auf den Anfang blicken. Unsere Gründungsidee im Jahr 2014 hatten wir kurz nach unserem Umzug aus einem Örtchen bei Haifa in Israel, der Heimat meines Mannes, in meine eigene alte Heimat Engelskirchen, einem Örtchen bei Köln. Nirgendwo konnten wir in Deutschland solche Schuhe kaufen, die wir unseren Kindern an ihre noch gesunden Füße wünschten. Mit Zehenfreiheit, Nullabsatz, beweglicher Sohle. In Israel liefen sie immer und überall barfuß, ganz locker und leicht, hier gab es nur Klobiges im Regal. Ihr neuer Gang wirkte völlig unnatürlich. Das kann nicht gesund ein, ahnten wir. So kam es, dass wir den trotzigen Entschluss fassten: Dann fertigen wir Minimalschuhe eben selbst. Aus ökologisch einwandfreien Materialien, nach unseren Vorstellungen, als völlige Laien. Ein Betreiber eines Fitnessstudios und eine freiberufliche Übersetzerin wurden Schuhhersteller.

Es kostete Kraft und viel mehr Nerven als gedacht, bis aus der Idee ein Schuh wurde. Die ersten Modelle, die aus unserer portugiesischen Fertigung kamen, färbten so stark ab, dass sie nur noch für launige Erzählungen auf Fuck-up-Events taugten. Auf der anderen Seite hatten wir aber auch viel Zuspruch: Das Crowdfunding war fast ein Selbstläufer. Die Leute, die uns bei den ersten Schritten abseits der Bank finanziell unterstützt haben, fragten schnell nach Modellen für Erwachsene. Was als reine Kinderschuhmarke gedacht war, mit lustigem Fuchslogo, wurde rasch ein paar Nummern größer konzipiert – die Nachfrage gab es eben her. Und wir hatten vom Start weg regelrechte Fans. Sie mochten nicht nur die Produkte, sondern auch unseren kompromisslosen Ansatz in puncto Nachhaltigkeit und Kooperation, den wir auch über soziale Medien offensiv kommunizieren.

Ein Aspekt, der sich schnell herumsprach: Wildling ist vollständig remote aufgestellt, klassische Büroarbeitsplätze gab es nie. Homeoffice war für uns als Gründerpaar praktisch und absolut naheliegend, weil wir so neben der unternehmerischen Aufbauarbeit die drei Kinder am besten versorgen und betreuen konnten. Hinzu kam ein Rollentausch: War Ran in Israel der Chef des Fitnessstudios, so bin ich bei Wildling operativ im Lead. Ran ist im Alltag stärker für die Kinder da – und im Geschäftlichen mein erster Sparringspartner.

Dezentrales Arbeiten am Wunschort – das gilt für alle und erwies sich lange vor Corona und »New-Work«-Debatten als genau richtig für Wildling. Dank Homeoffice gelingt es uns im provinziellen Engelskirchen, passende Fachleute zu rekrutieren, die lieber in Metropolen wohnen. Zudem sparen wir zig Monate Lebenszeit und Tonnen CO_2, allein weil wir auf Pendelei und nachts durchgeheizte, leere Büros verzichten. Von den mittlerweile über 250 Leuten, die bei uns arbeiten, sind fast 60 Prozent Eltern. Das vertrauensbasierte Konzept ist erprobt familienfreundlich. Wir haben auch gelernt: Je freier das Arbeitsmodell auf individueller Basis, desto klarer müssen die hinterlegten Strukturen sein. Und ein schmerzhaftes Pandemie-Learning: Homeoffice macht nur dann Spaß, wenn es nicht erzwungen ist – und Raum bleibt für echte Begegnung und Resonanz.

Die Gedanken und Diskussionen rund um die erste Million haben uns auf eine Art befreit. Denn wenn Wachstum nicht Selbstzweck ist oder Bereicherungsmechanismus, dann gilt: Feuer frei. Wir haben keine Investoren, die uns drängeln. Wir wachsen für die gute Sache – und nach Regeln, die wir zusammen im Team definieren und die unseren persönlichen Überzeugungen entsprechen. Konkret: Wir wollen einen hohen Standard erfüllen in Bezug auf Rohstoffe, Arbeitsbedingungen und Produktqualität.

Nachhaltiges Wachstum klingt immer gut, aber was verstehen wir darunter? Unsere Antwort: Wir wachsen in Grenzen. Erstens nicht über die Teamkapazität hinaus, also nicht zu schnell, sodass das Team überarbeitet wäre. Zweite Grenze ist die Produktqualität: Wir können nicht einfach die doppelte Menge produzieren, ohne die Leute richtig eingearbeitet zu haben. Das ist ein Bremser, den wir ernst nehmen. Auch die Servicequalität spielt als limitierender Faktor eine Rolle: Können wir rechtzeitig ausliefern und alle Fragen der Kundschaft beantworten? Und dann: Haben wir die Grenze der natürlichen Ressourcen erreicht – für mich die allerspannendste Frage. Wir haben uns zum Ziel gesetzt, dass bis 2025 das gesamte Ausgangsmaterial aus regenerativer Landwirtschaft oder aus dem Recycling kommen muss. Das ist ambitioniert, und wir würden im Zweifelsfall sagen: Dies steht uns als Rohstoff zur Verfügung – und mehr Ware gibt es nicht.

Obwohl wir ein Güterproduzent sind, wollen wir mit unserem Tun keinen Schaden anrichten, sondern einen positiven Fußabdruck hinterlassen. Ein »positiver Impact« für die Gesellschaft ist unser Ziel, die Minimalschuhe werden Mittel zum Zweck. Die elementaren Herausforderungen unserer Generation – Klimawandel und soziale Ungerechtigkeit – sind auf komplexe Weise verwoben. Deshalb können und wollen wir sie nicht unabhängig voneinander denken. Tieferer Sinn ist die Verbesserung der Lebensbedingungen – und das nicht nur in Engelskirchen.

Wir sprechen diese großen Worte aus, damit man uns an ihnen misst. Sie sind als Vision allen Wildlingen präsent und damit gemeinsamer Antrieb. Zahlen machen es greifbar: Bis 2025 wollen wir die regenerative Wertschöpfungskette umsetzen. Bis 2030 wollen wir 500 000 Hektar für Renaturierungsprojekte und regenerative Landwirtschaft sichern und 50 Millionen Euro in Kreislaufwirtschaft und Klimaschutzlösungen investieren. Und wir möchten bis dahin 100 Millionen Menschen erreichen – mit unseren Schuhen, aber vor allem in den Köpfen.

Die Vorhaben greifen ineinander: Sie reichen vom Anbau unserer Rohstoffe in regenerativen Systemen über ganzheitlichere Arbeitsmodelle und das Streben nach einer verlängerten Lebensdauer des Produkts – etwa durch erhöhte Qualität und die Bereitschaft zu Reparaturen. Der Schuh soll am Ende des Zyklus in Komponenten recycelt oder kompostiert werden können – und Humus für unsere Anbausysteme bilden. So schließt sich der Kreis. Jedenfalls in der Theorie.

Welche Hebel und Stellschrauben gibt es für uns? Ehrlich gesagt: Es werden immer mehr, und die Gefahr der Überforderung ist real. Wir wollten einmal Schuhe herstellen für unsere Kinder. Nun reden wir von Bäumen, von Bildungschancen, sauberem Trinkwasser und fairen Lieferketten. Gründen bedeutet: Man muss die Komplexität willkommen heißen. Und zwar erst recht, wenn man sich dabei vornimmt, die Welt zu retten.

Das von uns bevorzugte Konzept ist ausgemacht: »Factory as a Forest«, eine Fabrik wie ein Wald – das wäre schön. Aber wie kann das auf der Ebene der Schuhproduktion eigentlich laufen? Und müssen wir nicht insgesamt Fabrikarbeit als Relikt aus Industrialisierung und Kolonialisierung bekämpfen? Natürlich: Fabrikarbeit ist falsch. Es ist ein System, das man von innen heraus ändern muss. Das dauert natürlich viel länger, als das eigene Arbeitskonzept zu optimieren und Homeoffice einzuführen. Uns bleibt derzeit nur, auf gerechte Entlohnung und gute Arbeitsbedingungen zu achten und auch zu berücksichtigen, dass schon der Rohstoffanbau an sich eine gut zu bezahlende Wertschöpfung ist.

Auch wir müssen uns ja eingestehen: Wir produzieren in Portugal, wo die Arbeitslöhne günstiger sind. Was wir dort tun, um für faire Bezahlung zu sorgen, kann zugleich als herablassende Geste oder auch als unlautere Einmischung verstanden werden. Man ist noch immer in der Perspektive des großen Gönners, wenn man im globalen Süden unterwegs ist. Und ich finde es schwierig, das zu überwinden. Keine Frage: Die Wertschöpfung müsste besser vor Ort stattfinden. Aber bei so einem komplexen Produkt wie einem Schuh bekommt man es kaum hin. Man kann die Produktion lokalisieren, aber nur zum gewissen Grad. Damit man Lieferketten aufbauen kann, die vor Ort eine möglichst große Wertschöpfung erzeugen, braucht man ein gewisses Volumen. Für uns ist genau das ein Grund zu wachsen.

Uns treibt niemand. Wir verkaufen nur das, was da ist. Investoren wollen wir auf keinen Fall haben. Wir finanzieren das Wachstum aus eigener Tasche und damit unabhängig. Klar: Wir könnten viel schneller wachsen, schon heute den dreifachen, vierfachen, fünffachen Umsatz machen. Wir könnten Geld aufnehmen und alles in Werbung stecken. Aber aus dem Kern heraus würden wir nicht besser werden. Wir hätten vielleicht eine Kurve, die steil ansteigt. Aber wofür?

Wir wollen stattdessen alles Geld in den Kern stecken und so versuchen, die Dinge aus dem Inneren heraus besser zu machen. Das Produkt, die Qualität, die Wertschöpfungskette, die Arbeitskultur. Ich bin überzeugt, damit können wir uns abheben und wachsen. Nicht kurzfristig, aber auf lange Sicht – und gemeinsam.

Unsere Gründerzeit-Expertin Gloria Seibert

Eine weitere beeindruckende Gründerstory kommt von Gloria Seibert. Gloria ist eine der Frauen, die absolut faszinieren. In ihrem jungen Alter ist sie nicht nur extrem erfolgreich und durchsetzungsstark, sondern auch ein großes Vorbild für viele junge Frauen. Genau darum ist es so wichtig, ihre Gründungsgeschichte zu erzählen.

Eine App begleitet Patienten

Von Gloria Seibert

Nach meinem Wirtschaftsrechtsstudium war ich mehrere Jahre bei einer großen Unternehmensberatung tätig und habe schnell gemerkt, dass dieser klassische Karriereweg nicht meiner werden sollte. Also habe ich mich mit Mitte 20 entschlossen, Temedica zu gründen. Mein Antrieb war es, mit meiner Arbeit auch einen Beitrag für die Gesellschaft zu leisten. Den Anstoß zu Temedica hat mir meine Überzeugung gegeben, dass es das Grundrecht eines jeden Patienten ist, die für ihn individuell beste Therapie zu erhalten.

Meine Familiengeschichte hat mich zur Gründung gebracht

In meiner Familie habe ich miterlebt, wie Patienten mit schweren chronischen Erkrankungen ihren Alltag bestreiten und mit ihren Symptomen weitgehend selbst zurechtkommen müssen. Außerhalb der Arztbesuche sind sie meist auf sich allein gestellt. Mein Opa litt in den 1970er Jahren an einer schweren Form der Multiplen Sklerose (MS). Das ist eine bis heute nicht heilbare neurologische Autoimmunerkrankung, die schubweise auftritt und zu sehr unterschiedlichen Symptomen führen kann. Vergleicht man die Patientenversorgung meines Großvaters mit der heutigen Situation von MS-Patienten, so gibt es zwar eine Reihe neuer Therapien, die Rahmenbedingungen hingegen sind bestenfalls unverändert, eher schlechter. Der Patient geht durchschnittlich achtmal im Jahr zum Arzt (sechsmal zum

Hausarzt, einmal zum MS-Spezialisten, einmal zum Radiologen für MRT), wobei viele Ärzte kaum Zeit für Gespräche haben. Am Ende bleiben 357 Tage, an welchen der Patient auf sich allein gestellt ist. Die Suche nach den Ursachen von schwer einzuordnenden Symptomen braucht Zeit und gelegentlich auch einen anderen Blick. Scheinbar banale Einflüsse wie beispielsweise ein Wetterumschwung oder weniger Bewegung können einen entscheidenden Einfluss auf die Symptomatik haben.

Bei Temedica möchten wir dafür sorgen, dass Patienten zwischen diesen punktuellen Arztbesuchen einen Begleiter haben. Dafür entwickeln wir Apps, unsere »Patientenbegleiter«, für verschiedene chronische, nicht heilbare Krankheiten: Sie stehen den Patienten mit Ratschlägen und Erinnerungen zur Seite. Die Apps sind auch außerhalb der Arztbesuche im kontinuierlichen Kontakt mit den Patienten. Sie ermöglichen und vermitteln ein genaues Verständnis über den Krankheitsverlauf, seine Einflussfaktoren sowie die individuelle Wirksamkeit der Therapie.

Einflüsse wie Wetter oder Bewegung können heute durch Smartphones erfasst und die Daten problemlos in unsere Apps integriert werden. Über eine Exportfunktion kann der Patient seinem Arzt die Verlaufsdaten zwischen den Terminen zur Verfügung stellen, das heißt, der Arzt kann aus den Daten, die der Patient erfasst hat, sehen, wie es ihm seit dem letzten Besuch ging. Die kontinuierliche, nicht durch Erinnerung veränderte Aufzeichnung von Daten kann eine Ursachensuche gemeinsam mit dem Arzt erleichtern.

Veränderungen vertrauen, Chancen annehmen und Menschen mit einer Idee begeistern

Als wir 2016 anfingen, an Temedica zu arbeiten, waren Patientenbegleiter kaum mehr als eine verrückte Idee, der Begriff »Digital Health« war allenfalls in den USA geläufig: Patienten und Ärzte hatten Zweifel, dass Apps sinnvoll unterstützen könnten. Es war ihnen unklar, was unser Angebot leisten soll und kann. Wir mussten anfangs sehr um unsere Existenz und auch Daseinsberechtigung kämpfen: Wir waren häufig knapp davor, dass uns das Geld ausgehen und wir Mitarbeiter würden entlassen müssen – und das bereitete mir schlaflose Nächte. Genau hier habe ich gelernt, darauf zu vertrauen, dass es immer weiter geht und es am Ende für alles auch eine Lösung gibt. Manchmal ist es nicht die Frage »Wie geht es weiter?« oder ob überhaupt, sondern »In welche Richtung?«, gerade in der Anfangsphase von Start-ups. Das war für mich ein Mindset-Wechsel, denn in der Unternehmensberatung geht es viel um Prozesse und Struktur und Erwartungsmanagement. Zum Glück haben Familie und Freunde in der Anfangszeit wirklich an uns und unsere Vision geglaubt. So konnten wir das erste Geld bei Family und Friends einsammeln, um weitermachen zu können. Seitdem hat sich die Visibilität von Gründern gerade im Bereich Digitalisierung und Digital Health verändert, hier waren wir mit Temedica Vorreiter und haben mit einigen anderen First Movern im Markt den Weg geebnet. Es gibt viel mehr Diskussionen rund ums Gründen und vor allem um Digital Health, verglichen mit damals, als wir anfingen, an Temedica zu arbeiten.

Ich hätte vor fünf Jahren nicht gedacht, dass wir mit Temedica heute da stehen, wo wir sind. Mittlerweile haben wir die ersten Apps mit namhaften Kooperationspartnern entwickelt. Entscheidend für unseren Fortschritt waren unsere Talente, die Mitarbeiter, die mit vollem Einsatz hinter Temedica und unserer Vision stehen. Talente sind ein absolutes Erfolgskriterium. Derzeit arbeiten mehr als 80 passionierte »Temedicans« an unserer Vision, und die Zahl wird sich über die nächsten zwei Jahre vermutlich verdreifachen.

Nach dem anfänglichen Kampf ums Überleben kamen dann wie in jedem Unternehmenszyklus die Wachstumsschmerzen. Das war vor etwa zwei Jahren eine neue Herausforderung für mich. Denn je mehr Temedica wuchs und je mehr Leute an unserer Vision arbeiteten, desto mehr Struktur brauchte das Unternehmen. Was mit zehn Mitarbeitern funktioniert, muss nicht für die Organisation mit 60 Mitarbeitern gelten. Um das Team zu koordinieren, haben wir damals OKRs (»Objectives & Key Results«) als Konzept eingeführt. Das heißt, wir definieren messbare Ziele für unsere Mitarbeiter, und wir geben jedem Einzelnen mehr Verantwortung und damit auch eine große Motivation. Daran, Schwachstellen zu erkennen und Lösungen zu finden, bin ich persönlich sehr gewachsen. Das ist für mich fast das Schönste am Gründen: dieses riesige Potenzial, persönlich zu wachsen, sich weiterzuentwickeln und neben seinen Stärken auch die eigenen Schwächen kennenzulernen, sie zu akzeptieren und sich Mitstreiter zu suchen, die sich gegenseitig sinnvoll ergänzen.

Es begeistert mich jeden Tag aufs Neue, dass ich neben den vielen Herausforderungen Menschen in meinem Umfeld hatte und habe, die meine Werte und Vision teilen. Bis heute bin ich jedes Mal glücklich, wenn ich sehe, wie unsere Idee bei den Menschen ankommt und sie genauso begeistert wie mich. Dass es uns gelingt, gesellschaftlichen Nutzen zu schaffen, motiviert mich und treibt mich weiter an.

Historisch gesehen ist Deutschland ein Land der Innovationen; uns weiter zu behaupten, wird schwierig

Um weiter zu wachsen, brauchen wir neue motivierte und begabte Mitarbeiter, die unsere unbesetzten Stellen mit Leben füllen können. So geht es nicht nur Temedica: 2021 fehlten in Deutschland 1,2 Millionen Fachkräfte. Laut Bundesagentur für Arbeit bräuchte es 400 000 Zuwanderer pro Jahr, um den Bedarf zu decken. Diesen Mismatch spüren auch wir bei Temedica. Wir benötigen dringend Zugang zu Talenten aus dem Ausland. Das heißt konkret: Die Hürden für Einwanderung müssen abgebaut werden, damit Arbeitgeber Mitarbeiter aus dem Ausland leichter rekrutieren können. Trotz dieser offensichtlichen Lücke kommen wir mit der Diskussion über Fachkräftezuwanderung nicht voran.

Vergleichbar ist die Situation bei der Finanzierung und Anschlussfinanzierung von Gründungen: Immer häufiger kommen Investoren für Wachstumsfinanzierung beispielsweise aus den USA. Das führt langfristig dazu, dass Unternehmen und ihre Wertschöpfung abwandern und wir so das Know-how in Deutschland verlieren. Außer an Seed-Finanzierung fehlt es in Deutschland an Risikokapitalgebern, die an Innovationen und unsere eigene Stärke glauben. Wir konnten ein Konsortium namhafter Investoren mit großer Expertise in der Biopharmazie, insbesondere die Biontech-Gründer, MIG-Fonds und das Strüngmann Family Office Santo, für uns gewinnen. Dafür sind wir sehr dankbar, denn neben der finanziellen Unterstützung bekommen wir auch wertvolle Tipps und können von ihrer Expertise lernen. Von beidem, Investitionswillen und dem Willen, als Vorbild zu agieren und Jüngere an den eigenen Erfahrungen teilhaben zu lassen, ihnen mit Rat und Tat und Netzwerk zur Seite zu stehen, brauchen wir dringend mehr in Deutschland.

Gründerinnen brauchen Gründerinnen und ein funktionierendes Netzwerk

Laut dem Female Founders Report 2021 von Startbase ist der Frauenanteil unter den Start-up-Gründungen mit nur 11,9 Prozent sehr gering. Die Ursachen dafür sind vielfältig. Frauen müssen an vielen Stellen immer noch für Gleichberechtigung und gegen alte, vorherrschende Denkmuster kämpfen. Aus meiner Sicht braucht es vor allem Vorbilder, die zeigen, wie das Gründen als Frau funktionieren kann. Hier liegt es in der Verantwortung derer, die bereits gegründet haben, als Vorbild aufzutreten und ihr Wissen weiterzugeben. Als Standort Deutschland sollten wir auch das Thema Kinderbetreuung verbessern: Flexible Betreuungsmodelle und Ganztagsangebote können Eltern helfen, Unternehmertum und Familie unter einen Hut zu kriegen. Ich habe einige Beispiele in meinem Umfeld: erfolgreiche Unternehmerinnen und Unternehmer, die eine Familie gegründet haben. In den meisten Fällen greifen sie auf private Betreuung und/oder die Großeltern zurück; diese Möglichkeit hat aber nicht jeder. Hier muss die Politik nachlegen.

Interessanterweise hebt der Female Founders Report aber auch hervor, dass gerade Gründerinnen meist sehr erfolgreich sind. Die Entwicklung nimmt offensichtlich gerade Fahrt auf. Laut Pitchbook haben Frauen noch nie so viel Venture-Kapital aufgenommen wie heute. In der ersten Jahreshälfte 2021 haben US-amerikanische Unternehmen, die von Frauen gegründet wurden, 2 Milliarden USD eingesammelt und lagen damit bereits auf dem Niveau der Gesamtjahreswerte für 2020 und 2019. Hier haben wir in Europa einen gewaltigen Nachholbedarf, denn trotz Investmentrekord gingen nur 0,7 Prozent des Risikokapitals an Gründerinnen. Es sollte also in unserem Interesse liegen, dass mehr Frauen gründen: Wie bekommen wir nun mehr weibliche Gründerinnen? Durch Vorbilder, Netzwerke und echte, gelebte Gleichstellung.

Gründerzeit in Zahlen

542 200 Unternehmensgründungen zählt das Institut für Marktwirtschaft (IfM), Bonn, im August für das Jahr 2021. (veröffentlicht bei Statista)

43 % der IHK-Gründungsexpertinnen und -experten erwarten 2021 mehr Gründungen als im vergangenen Jahr. (DIHK-Report Unternehmensgründungen 2021)

38 % Gründerinnen gab es unter allen Gründerpersonen im Jahr 2020. (Statista, Juli 2021)

KfW-Gründermonitor

332 000 Gründer und **205 000** Gründerinnen gab es 2021.

60 % der Gründungen 2021 waren Solo-Gründungen.

Mehr als **50 %** der Gründungen 2021 wurden ausschließlich durch Eigenmittel finanziert.

Deutscher Startup Monitor

1 946 Start-ups, **4 745** Gründerinnen und Gründer, **25 966** Mitarbeiterinnen und Mitarbeiter gab es laut Startup Monitor 2020.

Die drei größten Herausforderungen für Start-ups sind derzeit Kunden, Kapital und Cashflow.

18 % schlechtere Chancen auf Investorengelder hat ein von Frauen gegründetes Start-up im Vergleich zu einem von Männern gegründeten Start-up.

25 % schlechter sieht die Suche nach einem Hauptinvestor für weibliche Gründerinnen aus. (Boston Consulting Group)

Und was sagt das Gründer-Mindset?

63 % der Deutschen würden gründen, auch wenn sie scheitern könnten. (Global Entrepreneurship Monitor 2020)

Female Founders Report 2021

Im Jahr 2020 sind von **100** Gründungen in Deutschland ganze **18** weiblich.

Die Gründerinnenquote bei Start-ups liegt bei lediglich **11,9 %**.

50,5 % der Gründerinnen gründen mit männlichen Mitgründern.

Nur **16 %** suchen sich weibliche Mitgründer.

Frauen gründen dreimal häufiger in einem gemischten Team als in einem reinen Frauenteam.

5,2 % der von Frauen geführten Start-ups erhalten Venture Capital. Erstaunlich, findet eine Studie der Boston Consulting Group. Denn: Weiblich geführte Start-ups erzielen deutlich höhere Renditen als die von Männern geführten Unternehmen.

Ganze **78 Cent** pro investiertem VC-Dollar erwirtschaften sie.

Männer dagegen nur **31 Cent** pro investiertem Dollar.

#finanzierung

Miriams Geschichte

»Her mit der Kohle.«
Unternehmensfinanzierung neu gedacht

Wer gründet, braucht Geld.

Und es geht doch: Deutsche Fintech-Unternehmen sind in Sachen Finanzierung auf einmal ganz vorn mit dabei und erleben einen Finanzierungsboom. Ob N26 oder Mambu, die Solarisbank, wefox oder Trade Republic: Plötzlich sitzt den Kapitalgebern das Geld lockerer in der Tasche als je zuvor. Die Finanzierungsrunden der Einhörner sind beeindruckend: Allein Trade Republic, das 2021 mit einer Fünf-Milliarden-Bewertung wertvollste deutsche Start-up, sammelte im Vorfeld der letzten Finanzierungsrunde 900 Millionen US-Dollar ein.

Als ich Ratepay gründete, waren die Zeiten weit weniger günstig: Die Finanzkrise machte alles, was sich mit Finanzierungen oder Geld beschäftigte, zumindest anrüchig. Anrüchig waren nicht nur die klassischen Banken, sondern eben alles, was sich mit dem Thema Finanzen beschäftigte. Außerdem glaubten Investoren damals nicht, dass sich Bezahlmodelle aus dem analogen Leben ins Internet übertragen und skalieren lassen könnten.

Die Vorstellungskraft reichte für ein Fintech, also den modernen, nämlich technologischen Ansatz für die Zahlungsabwicklung, nicht aus. Und so wurden wir mit unserem Ansatz ausgiebig belächelt und holten uns manch blutige Nase bei der Präsentation unserer Idee. Wenn ich heute zurückblicke, denke ich, wir waren unserer Zeit einfach ein paar Jahre voraus. Und doch: Ich möchte die Uhr nicht zurückdrehen. Ist es uns doch gelungen – nicht zuletzt dank unseres strategischen Investors OTTO, den ich ja bereits im vorherigen Kapitel vorgestellt habe, – ein Unternehmen aufzubauen, das inzwischen Jahr für Jahr ein solides Wachstum einfährt. Und das mit Nina an der Spitze in eine neue Ära eintritt.

Nina sagt: Als Miriam mich zu Ratepay holte, hatte ich gerade brands4friends an Regent verkauft, ein amerikanisches Private-Equity-Unternehmen. Ich kenne also Gesprächsrunden mit potenziellen Investoren und weiß, welche Argumente, welche Verkaufsstorys gut funktionieren. Allerdings: Ich befand mich in einer doch eher komfortablen Verkaufssituation. brands4friends gehörte zu eBay, dem Urgestein der Onlineplattformen, das sich heute den moderneren Wettbewerbern wie Amazon & Co. stellen muss. Und doch: Der Ruhm der ersten Stunde in Sachen Onlineplattform öffnete schnell die ersten Investorentüren. Hinzu kam: Der Markt hatte gezeigt, dass das Geschäftsmodell funktionierte, auch wenn bei brands4friends der Profit aus nachvollziehbaren Gründen noch nicht stimmte.

Geld für eine neue Idee, ein neues Unternehmen einzusammeln, würde mir wahrscheinlich auch gelingen, ist aber ein anderes Thema mit anderen Voraussetzungen. Klar, das Verkaufsobjekt und seine Geschichte inklusive Wachstumsprognosen musst du immer vorstellen bzw. pitchen, aber wenn sich bereits einmal ein Investor, in diesem Fall eBay, für dich entschieden hat, ist ein zweiter in einer späteren Verkaufsrunde manchmal schneller zu überzeugen.

Banxware kommt

Der Zeitpunkt für mich, als Gründerin im Jahr 2021 bei Ratepay auszusteigen, war ganz bewusst gewählt. Ich denke, dass ich ganz gut im Gründen, im Aufbauen, im Konsolidieren bin – ich bin aber weniger gut darin, eine mittelständische Firma weiterzuentwickeln. Und ich hatte eine neue spannende Fintech-Idee, die ich unbedingt in die Tat umsetzen wollte. Mit den Ratepay-Erfahrungen im Gepäck verlief der Start von Banxware, meinem jüngsten Baby, deutlich problemloser ab als der Start von Ratepay. Die Idee hinter Banxware: Kreditvergabe für Plattformhändler. Das Prinzip ist simpel: Verkauft ein Händler über eine Onlineplattform seine Leistungen, kann er sich mithilfe von Banxware künftig auf dieser Plattform auch Liquidität in Form von Krediten besorgen. Die Wettbewerber in diesem speziellen Marktsegment sind überschaubar, aber gewichtig: PayPal und Square bieten eigene Finanzierungsmodelle für Händler an. Zum Glück sind große Wettbewerber bei der Investorensuche kein Ausschlusskriterium, im Gegenteil: Zeigen sie doch, dass der Bedarf am Markt, die Nachfrage, vorhanden sind.

> **Denkanstoß**
>
> Fürs Gründen braucht es Kapital – jeder, auch der freie Journalist oder Fotograf, muss in sein Geschäftsmodell investieren, sein Equipment finanzieren und später – wenn Wachstum gewünscht – in das notwendige Personal. Laut Start-up-Trendreport des Bundesverbands Deutsche Start-ups e. V. in Zusammenarbeit mit Statista kommt die Anfangsfinanzierung für junge Gründer:innen bei 79 Prozent aus der eigenen Tasche oder der von Familie und Freunden. Wenn das nicht ausreicht, weil die Idee eine technologische Basis benötigt, man etwas produzieren möchte oder man schneller wächst als erwartet, bedarf es anderer Quellen. Ab diesem Zeitpunkt beginnt die Suche nach Investoren. In der Regel sind es Venture Capitalists oder Private-Equity-Unternehmen, die die Chance ergreifen, schon in der Start- oder Seed-Phase eines Unternehmens dabei sein zu können. Beiden geht es natürlich in erster Linie um eine spätere Rendite. Allerdings: Ein VC kalkuliert, weil er sein Risikokapital an mehrere Start-ups verteilt, auch ein Scheitern des einen oder anderen jungen Unternehmens ein. Bei Private-Equity-Finanzierungen ist ein solches Scheitern eher weniger vorgesehen.

Gestartet sind wir bei Banxware zu zweit und mit eigenem Geld. Bevor wir auf Investorensuche gingen, haben wir die Lösung technologisch vorzeigbar entwickelt und vorfinanziert. Ein erster kleiner, leider verzögernder Rückschlag kam, als unser präferierter Bankpartner, Wirecard, in die Insolvenz rutschte. Wir hatten, wie so viele andere, auf den damals guten Leumund des Finanzdienstleisters ebenso vertraut wie auf die Bilanzprüfungen einer renommierten, weltweit agierenden

Beratungsgesellschaft. Klar hat uns diese Geschichte zurückgeworfen. Und sie hat uns nochmals deutlich gezeigt, wie sensibel Finanzthemen in der Öffentlichkeit sind und wie wichtig Vertrauen in diesem Markt ist. Im September 2020 haben wir schließlich gegründet und Banxware offiziell aus der Taufe gehoben. Kurz nach Gründung haben wir große Partner für die Kreditvergabe gewonnen. Ein Zeichen dafür, dass unser Konzept stimmig ist und zur richtigen Zeit kommt.

Gestemmt: die erste Finanzierungsrunde

Nur fünf Monate nach Gründung haben wir die erste Seed-Finanzierung gestemmt. Etwa zehn potenzielle Geldgeber hatten wir angesprochen, übrig geblieben sind schließlich drei, die unser Vorhaben gemeinsam finanzieren. Die Vorbereitungen für die Vorstellungsrunden waren intensiv. Eine unserer Übungen: Jeder von uns hat eine Pressemeldung geschrieben, die Banxware im Jahr 2023 beschreiben sollte. Ein interessantes Lehrstück, das aber genau das auf den Punkt bringt, was sich Investoren wünschen: ein Zukunftsszenario, in dem sich das Unternehmen bewegen wird. Unsere Vision ist mutig und ambitioniert – und das muss sie auch sein, wenn man Investoren überzeugen will: Banxware, so unser Bild, wird in wenigen Jahren die Online-Kreditvergabe im B2B-Bereich als Standard etabliert haben. Im nächsten Schritt gilt es, dieses Szenario zu untermauern, mit dem entsprechenden Team, mit Sales- und Marketingaktivitäten. Klar ist: Jede Vision, die man entwickelt, erinnert ein wenig an Wahrsagerei und damit an das In-eine-Glaskugel-Schauen. Denn auch wenn man viele Kriterien und Faktoren berücksichtigt und mitrechnet, kann man eben nicht alle im Blick haben. Auf politische und wirtschaftliche Rahmenbedingungen hat man wenig Einfluss. Klar, man kann das Ganze auch konservativer angehen und kein so ambitioniertes Zukunftsbild, keine Vision entwerfen. Läuft dann aber Gefahr, dass Investoren das Thema nicht ernst genug nehmen, weil der Mut für die Zukunft nicht sichtbar wird. Wir haben bei Ratepay und vor allem jetzt auch bei Banxware klar auf das Morgen gesetzt und eine blühende Vorstellung dessen, was kommen kann, skizziert. Wenn man das Ganze dann noch mit der entsprechenden Leidenschaft würzt, hat man schon fast gewonnen. Natürlich müssen auch die Fakten stimmen, der Wettbewerb und Markt gecheckt sein. Ich bin schon immer diejenige gewesen, die Leidenschaft und das Visionäre zu Beginn einer Präsentation vertreten hat. Meine Kollegen haben dann den großen wirtschaftlichen Bogen gespannt – eine unschlagbare Kombination. Zeitlich sollte man für so eine Runde übrigens nicht länger als 60 Minuten einplanen: Alles, was darüber hinausgeht, stiehlt Zeit. Und langweilt. Auf den Punkt ist hier die Devise. Das braucht eine intensive Vorbereitung: Umso kürzer die Präsentation, umso länger die Vorbereitung.

Es gibt kein Patentrezept für einen gelungenen Pitch, der später in ein Investment mündet. Aber: Ein paar Tipps aus meinem Erfahrungsschatzkästchen, die die Wahrscheinlichkeit des Erfolgs begünstigen, gibt es natürlich schon:

1. Halte dich kurz und finde die *eine* gelungene Story, die deine Idee, dein Produkt so beschreiben, dass selbst jemand völlig Branchenfremdes den Sinn und das Geschäftsmodell dahinter versteht. Der klassische Elevator Pitch ist eine gute Übung für eine solche Story.

2. Präsentiere mit glühenden Augen eine erfolgreiche Zukunft, eine Vision. Dein Gegenüber muss mit dir an dieses Zukunftsmodell glauben. Leidenschaft ist hier das Stichwort.

3. Verteile die Kompetenzen im Präsentationsteam: Kopfmenschen stehen für die Zahlen, das Juristische; der Kreative für die Vision und die Leidenschaftlichkeit. Auf den richtigen Mix kommt es an: Die Fachexpertise bringt es allein ebenso wenig wie die verkäuferische, leidenschaftliche Sicht auf die Dinge. Man buhlt um Vertrauen – und das gewinnt man in der Regel nur, wenn die Fakten zur Vision passen. Auch im Gründerteam braucht es Diversität.

4. Sei mutig und pokere hoch. Was hast du zu verlieren?

5. Sei selbstbewusst, aber auch sachlich, vertrauensvoll und ehrlich.

6. Ohne Business-Planung geht leider in der Welt der Kohle gar nichts. Daher: Die Business-Planung muss passen und vor allem nicht über-

zogen sein. Hier sollten echte Zahlengenies ran, die ihren Job verstehen und vor allem den Markt einzuschätzen wissen.

Natürlich ist es mit einer ersten Vorstellung der neuen Idee, des neuen Produkts nicht getan. Es folgen weitere vertiefende Runden, in denen sich oft die Spreu vom Weizen trennt. Auch bei Banxware war es so: Mal überzeugten wir, mal nicht, mal überzeugte uns der Investor oder das Investorengespann, mal nicht. Für die einen waren wir zu früh dran, für die anderen nicht überzeugend genug. Und, auch das ist ein Learning aus dieser Zeit: Die Chemie zwischen Gründerteam und Investoren muss stimmen. Nichts ist frustrierender als eine Konstellation, die sich als Zweckbündnis erweist. Meistens wusste ich bereits nach der ersten Pitchrunde, ob es weitere Gespräche geben wird. Mein Bauchgefühl hat mich nur selten getäuscht. An eine Geschichte muss ich in diesem Zusammenhang besonders denken: Die Präsentation vor dem Investorenkonsortium lief hervorragend, große Sympathie auf beiden Seiten. Von der Chemie her eine optimale Konstellation. Allerdings passten wir mit Banxware schlicht nicht ins Investment-Portfolio – und trennten uns in bestem Einvernehmen. Ich habe das sehr bedauert – eben weil die Sympathie auf beiden Seiten so groß war.

Relativ zügig fanden wir eine überzeugende Alternative. Von insgesamt zehn angesprochenen Investoren blieben schließlich drei Konsortien über. Entschieden haben wir uns für ein Gespann aus drei Investoren. Nach dem Auftakt-Pitch geht es immer ans »Eingemachte« – sprich: in die Zahlen, das Team, die Marketing- und Salesplanung. Nicht selten spricht ein Investor dann auch mit Kunden, holt sich Referenzen vom Markt. Erst nach diesen Runden gibt es ein Angebot. Wir hatten schließlich sogar mehrere und genossen den Luxus, wählen zu können. Unsere jetzigen Partner passten für uns am besten.

Die Pandemie hat uns übrigens erheblich in die Karten gespielt. Finden Investorenmeetings in der Regel live und am Standort des potenziellen Partners statt, nicht selten auch auf anderen Kontinenten, haben wir zu Coronazeiten natürlich auf Video-Formate gesetzt. Mitunter hatten wir so drei Pitches pro Tag und konnten auf diese Weise natürlich auch die Schlagzahl deutlich erhöhen.

Vorüberlegungen: Anteile aufteilen und Exit planen

Mit der Investorensuche allein ist es natürlich nicht getan. Noch vor dem Einstieg des Finanzpartners muss man sich darüber klar werden, wie viele Anteile man eigentlich abzugeben bereit ist. Eine erste Faustregel an dieser Stelle: Gerade in der frühen Phase sollten Gründer ihre Anteile beisammenhalten. Die Argumente liegen auf der Hand: Je mehr Anteile man abgibt, desto mehr schwindet der strategische Einfluss – auf das Geschäftsmodell ebenso wie auf die Geschäftsentwicklung. Ein zweiter wesentlicher Aspekt kommt hinzu: Will man irgendwann an das richtig große Investment kommen, dann stößt man potenzielle Investoren mit einem Gründerteam, das nur noch Minderheitsanteile besitzt, vor den Kopf und damit ab. Gehören doch zu einer guten Pitch-Geschichte, wie erwähnt, die Köpfe, die das Modell entwickelt und nach vorne getrieben haben.

Auch ein großer Gesellschafterkreis, also zu viele Anteilseigner, sind ein Show-Stopper: Will ein finanzkräftiger potenzieller Partner doch mit Macher:innen und Entscheider:innen sprechen und nicht mit einer großen, wenig einschätzbaren Runde von Menschen, die zwar Anteile besitzen, aber sich in der Materie nicht auskennen.

Ebenso entscheidend wie die Überlegungen zur Anteilsausgabe sind die für den Exit. Klar, in der ersten Gründungsstunde ist das noch nicht wirklich ein Thema – auch wenn im Gesellschaftsvertrag immerhin der Auflösungsfall beziehungsweise die Nachfolge im Todesfall geregelt ist. Ein Exit aber sollte vorgedacht sein. Gibt es doch etliche Umstände oder Gründe, die einen Ausstieg aus dem eigenen Unternehmen erforderlich machen könnten, an die man in der ersten euphorischen Gründungsstunde aber nicht denken mag. Krankheit gehört dazu, die Pflege eines Familienangehörigen ebenso oder die unerwartete Chance auf eine spannende Aufgabe, der Drang, etwas ganz anderes zu machen. Natürlich will auch der richtige Zeitpunkt wohl gewählt werden: Das Unternehmen muss eine gewisse Größe haben. Und: Es muss Zeit mitbringen. Sechs bis zwölf Monate dauert ein solcher Prozess. Monate, in denen die Geschäftsführung im operativen Geschäft nicht mehr oder nur sehr eingeschränkt zur Verfügung steht. Meine deutliche Empfehlung an dieser Stelle: Sobald ein Investment, ein IPO (Initial Public Offering) oder auch die grundsätzliche Frage eines Komplettverkaufs ansteht, muss man den Exit mitdenken. Und genau überlegen, was man wann erreichen oder abgeben will.

Unsere Investment-Experten Marek Bärlein, Gesa Miczaika und Christian Miele

Um das Thema Investment noch ein wenig detaillierter zu beleuchten, haben wir drei ausgemachte Kapitalexperten aus unserem Netzwerk um Antworten gebeten.

Befragt haben wir: Marek Bärlein, Managing Director bei Berlin Ventures. Er machte einen Exit mit myphotobook und wechselte später auf die Investorenseite. Heute setzt er mit seinen Partnern vor allem auf Seed-Finanzierungen.

Dr. Gesa Miczaika, Geschäftsführerin des Start-up-Investors Auxxo und geschäftsführendes Vorstandsmitglied im Bundesverband Deutsche Start-ups e. V. Sie gründete Evangelistas, ein Netzwerk von bereits über 70 weiblichen Business Angels in Deutschland. Ihr Ziel: mehr Diversifizierung in der Investmentbranche.

Christian Miele. Miele ist VC und hat mit seinem Unternehmen unter anderem den Aufbau von Groupon und Sonos mitfinanziert. Als Präsident des Bundesverbands Deutsche Start-ups e. V. ist er außerdem quasi Kopf der deutschen Gründerszene.

Fünf Fragen zum Thema Investment

Was muss ein Start-up mitbringen, um für einen Angel-Investor interessant zu sein?

Marek Bärlein: Angel-Investoren bzw. Business Angels investieren zumeist in einer sehr frühen Phase. Es gibt – auch wenn es hier durchaus Ausnahmen gibt – noch keine aussagekräftigen klassischen KPIs wie Umsatz, Kosten, Gewinn & Verlust, Wachstum et cetera. Daher ist das Kriterium Nummer eins für ein Investment das Team und die Gründer.

Wenn wir vom Team nicht überzeugt sind, dann können der Business-Plan, das Produkt, die Marktgröße noch so gut sein – es wird kein Investment geben.

Wenn wir vom Team überzeugt sind, dann müssen noch folgende Kriterien passen:

1. Marktgröße – der adressierbare Markt muss groß genug sein.
2. Captable – das Anteilsverhältnis zwischen den Gründern bzw. operativen Treibern und passiven Gesellschaftern sollte zu einem überwiegenden Teil bei den Gründern liegen.
3. Bewertung – die Vorstellungen bezüglich der Bewertung sollten nicht zu weit auseinanderliegen.

Gesa Miczaika: Aus meiner Sicht ist das mit Abstand Wichtigste das überzeugende Team. Daneben sind viele andere Aspekte relevant, wie beispielsweise die große Vision, die ausreichend große Marktgröße, der Product-Market-Fit, das Geschäftsmodell, der geeignete Go-to-Market-Ansatz, das Timing, der Wettbewerbsvorteil, die Haltbarkeit dieses Vorteils und vieles mehr.

Häufig wird investiert, bevor das Produkt oder die Dienstleistung marktfähig sind. Die Art der verfügbaren Informationen, um das Risiko einschätzen zu können, ist in der frühen Phase ganz anders als bei reiferen Unternehmen. Es stehen grundsätzlich nie ausreichend Informationen zur Verfügung, weshalb die Investor:innen die eigene Investmententscheidung von einer sehr unterschiedlichen Fülle an Informationen abhängig machen. Worauf dabei der größte Fokus gelegt wird, hängt natürlich von der Art des Investors ab. Manche Investor:innen machen eine weitaus schlankere Due Diligence als andere und begründen ihre Entscheidung zu einem großen Teil mit ihrem Bauchgefühl.

Im Prinzip geht es immer darum, dass die Investor:in in dieser sehr frühen Phase ausreichendes Vertrauen aufbauen muss. Er/sie muss davon überzeugt sein, dass die Firma das Potenzial hat, sehr erfolgreich und riesig groß zu werden. Idealerweise werden große Märkte nachhaltig verändert durch ein starkes Team. Am Anfang erfordern Investments viel Vertrauen. Und dieses Vertrauen wird durch die Prüfung mannigfaltiger Aspekte, aber auch durch persönliche Interaktion und Erfahrungen zementiert.

Christian Miele: Zunächst einmal muss man abwägen, in welcher Phase sich ein Start-up befindet. Befindet es sich also noch in der Pre-Seed-, also Orientierungsphase, in der Seed-, also Planungsphase, oder ist es schon in der Aufbau- (1st-Stage) oder in der Wachstumsphase (2nd-Stage). Für uns aber mindestens ebenso wichtig, wenn nicht sogar wichtiger, ist das Team, das hinter einem Projekt steht. Wenn dann noch das Produkt stimmt und eine echte Lösung für ein echtes Problem bietet und die Marktbedingungen erfolgversprechend sind, dann engagieren wir uns. Also: Team, Produkt und Markt sind die wesentlichen Faktoren, die für uns im Dreiklang entscheidend sind. Sie müssen stimmig sein.

Aber am Ende des Tages sind es immer die Menschen, die den Unterschied machen und uns überzeugen müssen.

Hat sich das Investitionsklima in den letzten Jahren verändert? Auf welche Inhalte, welche Branchen setzt man heute?

Marek Bärlein: Wenn man auf die Zeit zwischen 2004 und 2009 zurückblickt, als wir unsere erste Firma myphotobook gründeten und schließlich verkauft haben, gibt es zu damals einen ganz großen Unterschied: Es ist viel mehr Kapital im Markt, und zwar in allen Bereichen. Aufgrund der immer größeren Bewertungen und Exits existieren mittlerweile sogenannte Super Angels, die fast schon alleine eine erste Finanzierungsrunde stemmen können. Immer mehr internationale VCs und PEs haben den deutschen Markt für sich entdeckt.

Grundsätzlich besteht für alle Start-ups, egal aus welcher Branche, eine gute Chance, externes Kapital einzusammeln. Im Vergleich zu den Jahren bis 2010 gibt es jetzt viel mehr spezialisierte Investoren, die gezielt in einzelne Branchen investieren.

Trends kommen und gehen, und zwar fast Jahr für Jahr, sodass es nie langweilig werden wird.

Gesa Miczaika: Das Investitionsklima hat sich meines Erachtens sehr verändert. In den frühen Zeiten des deutschen Internets waren Start-ups, aber auch Kapital Mangelware. Die Wiege der deutschen Start-up-Szene war im E-Commerce zu finden beziehungsweise im breiteren Consumer-Business. Die zweite Gründergeneration habe ich dann im B2B-Bereich gesehen, es wurde viel im

SaaS und Enterprise gegründet. Seit der Coronakrise, seit der ja gleichzeitig der Klimawandel immer offensichtlicher wird, wird ein starker Schwerpunkt auf Impact-Themen gesetzt. Das wird auch durch die Limited Partner, die Geldgeber der Investoren, forciert. Dieser Wandel passiert bei den tradierten Fonds, es werden aber auch zahlreiche neue Impact-Fonds aufgesetzt. Insgesamt ist es deutlich spürbar, dass mehr Kapital in den Markt drängt und der Anlagedruck steigt – die Runden werden immer größer und die Bewertungen höher. Dabei steigt aber auch die Bereitschaft der Investoren, zunehmend technologienahe und auch komplizierte Themen zu finanzieren – wie etwa Raketen oder pilotenlose Flugzeuge mit Elektromotoren.

Christian Miele: Ja, das Investitionsklima hat sich dramatisch verändert. Durch die Niedrigzinspolitik der Notenbanken sowohl in den Vereinigten Staaten als auch in Europa ist sehr viel billiges Geld in den Markt geflossen. Das hat unter anderem dazu geführt, dass die Assetklasse Venture Capital mehr Zufluss von Kapital gesehen und erfahren hat. Das führt automatisch natürlich auch zu mehr Volumen, zu mehr Venture Capital Fonds und damit automatisch auch zu einer höheren Anzahl an finanzierten Firmen. Im Ergebnis werden so mehr und mehr auch Tech-Firmen finanziert, die in B2B-Märkten unterwegs sind. Das war lange Zeit anders. War das Internet, so wie es ursprünglich einmal entstanden ist, doch zunächst stark konsumentenorientiert. Die ersten Gründungswellen hatten wir bei E-Commerce-Lösungen oder digitalen Medien-Angeboten, die sich an den Endverbraucher wandten. Das änderte sich mit den ersten Fintechs, also technologischen Lösungen für den Banken- und Finanzbereich für Unternehmenskunden. Hier sehe ich vor allem in Europa einen sehr deutlichen Shift hin zu einer größeren Bandbreite von neuen B2C- und B2B-Angeboten in der Start-up-Szene.

Wie beurteilen Sie diese These: »Es wird in der Zukunft kein Unternehmen mehr geben, das nicht im Kern einen gesellschaftlichen Purpose hat.«

Marek Bärlein: Es wäre schön, wenn es so kommen würde.

Jetzt kommt das Aber: Wenn man sich einige Geschäftsmodelle anschaut, die in kürzester Zeit den Unicorn-Status erreicht haben, dann ist es noch ein ziemlich langer Weg dorthin.

Gesa Miczaika: Der Trend zeigt, dass sich das Konsumentenverhalten sehr verändert und verstärkt Wert auf sozialen und ökologischen Impact gesetzt wird und die Zahlungsbereitschaft hiermit einhergeht. Und dies gilt auch in Bezug auf Mitarbeiter, denen ein erfolgreicher Arbeitgeber nicht mehr ausreicht – sie möchten sich mit dem Purpose des Unternehmens verbunden fühlen und sind zunehmend dafür bereit, auf Gehalt zu verzichten. Gerade für hoch qualifizierte Kräfte, die sich ihren Arbeitgeber aussuchen können, spielt der Purpose eine wichtige Rolle.

Am Ende müssen Unternehmen auf ökologische und soziale Probleme reagieren. Dies wird ihnen langfristig nur dann gelingen, wenn sie ihre Gewinnorientierung und ihren Purpose in Einklang bringen.

Christian Miele: Zunächst einmal: Wir werden auch weiterhin in Europa profitorientierte Unternehmen finanzieren. Warum? Auch Investoren setzen weiterhin auf entsprechende Verzinsung ihres eingesetzten Kapitals. Aber: Der wissenschaftliche Konsens ist auch, dass Purpose-getriebene Unternehmen nicht schlechter performen als Unternehmen, die dem vielleicht nicht zugeordnet werden können. Ich bin überzeugt, dass es zu unserer DNA werden wird, dass wir Firmen finanzieren, die einerseits eine gute finanzielle Rendite versprechen, gleichzeitig aber auch einen echten, am Gemeinwohl orientierten Zweck verfolgen.

Warum gründen so wenige Frauen?

Marek Bärlein: Ich habe darauf ehrlicherweise keine Antwort, würde mich aber freuen, wenn noch mehr Frauen gründen. Allerdings ist es in den letzten Jahren nach meinem Gefühl schon in die richtige Richtung gegangen. Wenn ich an die ersten Events Anfang der 2000er denke, dann war Claudia Helmig von Dawanda allein auf weiter Flur.

Gesa Miczaika: Das ist eine sehr schwer zu beantwortende Frage, da viele unterschiedliche Aspekte hierzu beitragen. Die Gründe teilen sich in die Bereiche Struktur und Kultur auf. Zu den kulturellen Gründen zählen beispielsweise veraltete Geschlechterstereotypen, wie etwa in Bezug auf die klassische Rollenverteilung oder etwa das Fehlen von Vorbildern. Zu den strukturellen Gründen gehören zum Beispiel die nicht ausreichende Qualität und Quantität der Kinderbetreuung sowie der fehlende Zugang zu Netzwerken und Kapital für Gründerinnen.

Ich nehme allerdings in den letzten ein bis zwei Jahren eine Bewegung wahr. Venture-Capital-Firmen stehen verstärkt unter öffentlichem Druck, mehr auf Diversität bei der Besetzung ihrer Investmentteams und in Bezug auf ihre Portfoliofirmen zu achten. Auch wurde vor über einem Jahr eine europaweite Community rund um das Thema ESG im VC-Bereich aufgesetzt. Sogar die Nasdaq und Goldman Sachs haben sich öffentlich dazu verpflichtet, Diversität zu einer Voraussetzung für die Börsennotierung von Unternehmen zu machen. Das Thema Investorinnen und Gründerinnen wird auch viel häufiger in der Presse thematisiert.

Christian Miele: Das ist eine sehr vielschichtige und schwierige Frage, die ein echtes Problem aufzeigt. Die Start-up-Szene ist ja bunt und lebt von Diversität. Aber: Gründerinnen gibt es in der Tat zu wenig. Heißt: Volkswirtschaftlich geht uns hier viel verloren. Hier müssen wir ansetzen und zum Beispiel bessere Rahmenbedingungen schaffen, die es Frauen leichter macht zu gründen. Wir müssen aber auch die weiblichen Gründungserfolge zeigen, heißt: Rolemodels stärker in den sichtbaren Fokus rücken. So können wir Frauen frühzeitig animieren und inspirieren, selbst zu gründen. Für mich geht dieses Thema aber noch weiter, denn Diversity hört bei Frauen ja nicht auf. Und so müssen wir die Frage stellen, wie wir auch Menschen mit diversen kulturellen Hintergründen, aber auch andere Diversity-Kriterien künftig noch besser integrieren können.

Am Ende des Tages sollte die Start-up-Szene meritokratisches Vorbild sein und Menschen völlig unabhängig von Herkunft, Hautfarbe, Geschlecht oder Religionszugehörigkeit fördern.

Wie entwickelt sich das ideale Investment aus Investorensicht?

Marek Bärlein: Hier kann ich eher nur für mich sprechen. Ein ideales Investment für mich zeichnet sich durch zwei Key Facts aus: Wenn das Investment durch Verkauf unserer Anteile beendet ist, sollten wir unter dem Strich einen nennenswerten Gewinn erzielt haben. Im Gegensatz zu VCs investieren wir ausschließlich eigenes Geld, sodass wir nicht ganz so hohe Multiples erzielen müssen, um zufrieden zu sein.

Wir wollen auch nach dem Verkauf mit den Gründern ein super Verhältnis haben. Ein ideales Investment in diesem Punkt ist für mich wie folgt: Wenn jemand die Gründer fragt, ob sie uns als guten Investor empfehlen würden, dann sollten die Gründer, ohne zu zögern, sagen: ja.

Gesa Miczaika: Für mich weist ein ideales Investment ein starkes, nachhaltiges Wachstum auf, das auf den Aufbau echter Assets basiert statt vorrangig auf Marketingbemühungen. Da es ein richtiges Problem löst, kann es gleichzeitig Kunden, Mitarbeiter und Investoren überzeugen. Hierbei liegen gewisse ESG-Kriterien zugrunde. Es liefert mir einen sehr attraktiven Return on Investment und steht mit meinen Werten im Einklang.

Christian Miele: Vertrauen und enge Partnerschaft sind hier die Schlüsselbegriffe. Zwischen Investor und Start-up-Team muss eine partnerschaftliche und vertrauensvolle Zusammenarbeit wachsen. Beide Seiten haben ja ein Interesse am Erfolg des Unternehmens. Der Gründer, weil er seine Ideen umsetzen kann, und der Investor, weil er eine angemessene Verzinsung erhält. Aber neben diesen originären Interessen muss es eben auch diese besondere Art der Zusammenarbeit geben. Nur so entsteht mittelfristig eine Unternehmung, die einen sogenannten Product Market Fit findet, also wirklich eine Lösung anbietet, die vom Markt nachgefragt und akzeptiert wird. Idealerweise entsteht dann durch das zusätzliche Kapital, das man in diese Firmen investiert, ein Szenario, das wahnsinnig schnell wächst und mit dem man sogenanntes Landgrabbing betreiben kann, also einfach Marktanteile gewinnt.

Finanzierung in Zahlen

Statista befragte im Jahr 2020 deutsche Gründer:innen, wie sie ihr Unternehmen finanziert haben:

78,4 % des eingesetzten Kapitals stammen aus den privaten Schatullen der Gründer:innen.

44,3 % kommen aus staatlichen Fördertöpfen.

31,6 % stammen von Business Angels und lediglich **18,6 %** von Venture Capitalists.

Traurige **15 %** steuern Banken zum Gründungskapital bei.

1,85 Milliarden Euro investierten VCs im Jahr 2020 in die deutsche Gründerszene.

Handelsregisterauswertung von Startupdetector 2021 zur Kluft zwischen Männern und Frauen in der Investorenszene:

12,9 % Frauenanteil weist die Investorenszene auf.

8 500 männlichen Business Angels stehen nur **870** Angel-Investorinnen gegenüber.

Angel-Investorinnen versorgen mit **24,4 %** häufiger frauengeführte Start-ups mit Geld als Männer.

Von **33 %** der Frauen, die Angel-Investments als Finanzierungsform bevorzugen, erhalten nur **7 %** auch eine Finanzierung.

#**kommunikation**

Miriams Geschichte

Ein Gesicht macht den Unterschied: Kommunikation in Zeiten von Informationsüberflutung

> Kommunikation heute?
> Muss persönlich sein.

Die kommunikativen Anfänge von Ratepay waren – zurückhaltend formuliert – bescheiden. Mit einem Marketingbudget, das von null bis überschaubar reichte, war einfach kein Staat zu machen. Ich war schon immer von der Wirksamkeit guter PR überzeugt und so hatten wir uns früh eine PR-Agentur an Bord geholt, die klassisch für Bekanntheit sorgen sollte. Sie schrieb dann auch fleißig Monat für Monat ihre Presseinformationen, versendete sie an einen handverlesenen Medienverteiler, telefonierte brav in den Redaktionen nach. Das Ergebnis überzeugte nicht: Kein Medium, kein Journalist interessierte sich für unsere Themen und schon gar nicht für ein Start-up, das sich im Finanzmarkt bewegte. Einem Markt, der kurz nach der Finanzkrise ein mehr als schlechtes Image hatte. Der erste große Kunde, eine Fluggesellschaft, sorgte dann wenigstens in den Fachmedien für ein kurz aufflackerndes Interesse.

Nach zwei Jahren wechselten wir die Agentur. Die nächste war größer, renommierter und deutlich teurer als die erste. Auch sie war höchst professionell unterwegs, schrieb neue Geschichten, entwickelte eine andere Storyline, nutzte neue Medienkontakte. Das Ergebnis war das Gleiche: Kein Medium wollte über uns schreiben, kein Thema schaffte es auf eine mediale Agenda. Ratepay war einfach nicht cool genug; das Geschäftsmodell zu erklärungsbedürftig. Zu dieser Zeit, 2014, 2015, eroberten langsam Unternehmerinnen und Karrierefrauen die deutschen Tages- und Wirtschaftszeitungen. Und ich dachte: Das, also die Kombination aus der eher trockenen Fintech-Thematik und einer Frau als Gründerin, könnte doch auch für Ratepay funktionieren. Direkt ein Dämpfer: Unsere Agentur war nicht überzeugt, dass das ein guter Plan sei. So blieb alles, wie es war: Wir versuchten weiterhin, mit unseren Themen, unseren Produkten zu punkten, holten uns weiterhin eine blutige Nase bei den Medien und fanden in der Öffentlichkeit schlicht nicht statt.

Auf dem Weg ins Rampenlicht

2016 traf ich einen guten Freund, der als Blogger im Bereich Payment und Banking ausgesprochen gut unterwegs war, der immer wieder als Experte in den Medien oder bei Veranstaltungen angefragt wurde, der sichtbar war. Ich fragte ihn: »Wie machst du das? Wie kommt es, dass du dir für so trockene Themen einen solchen Namen gemacht hast?« Seine Antwort war kurz und überzeugend: »Miriam, du musst ein Thema besetzen, du musst für ein Thema stehen und damit rausgehen. Und: Du musst selbst mit den Journalisten in Kontakt kommen.« Das hat gezündet und ich legte mir als Erstes ein Twitter-Profil an, ein Profil, das ich bis heute regelmäßig und gern bediene. Twitter sorgte in kürzester Zeit für meine persönliche Sichtbarkeit. Gleichzeitig wurde das Thema Finanzen in der Öffentlichkeit wieder etwas attraktiver, nach dem Image-Knick der Finanzkrise: Die Zeit des Fintech-Hypes brach an. Plötzlich poppten überall neue kleine Start-ups hoch, die Teile der Wertschöpfungsketten der Banken übernahmen und technologiebasierte Produkte bauten. Die Transformation einer ganzen Branche startete mit einem großen Knall und war nicht mehr aufzuhalten. Ein neuer Megatrend entstand und Ratepay war mittendrin. Ich kann mich noch gut daran erinnern, wie ich meinem Geschäftsführungskollegen damals sagte: »Jesper, ich glaube, wir sind ein Fintech!«

Und dieses Fintech wurde immer interessanter. Die Medienanfragen wuchsen. Und auch ich wurde immer häufiger angesprochen. Klar habe ich das plötzliche Medieninteresse nicht allein bewältigt, sondern mich intern auf eine PR-Kollegin und extern auf eine spezialisierte Freelancerin verlassen. Gemeinsam bildeten wir schließlich das schlagkräftige Team, das für die öffentliche Sichtbarkeit sorgte. Speaker-Auftritte, Zeitungsinterviews, regelmäßige Kolumnen. Plötzlich war ich als Fintech-Gründerin der ersten Stunde überall gefragt.

Eine Redakteurin von der Süddeutschen Zeitung brachte es damals perfekt auf den Punkt: Du kannst auf drei große F setzen, die gerade »trending« sind – Female, Finance und Fintech. Und in der Tat: Plötzlich war ich auch für die renommierte FAZ interessant. Das erste große Porträt über mich, mein Unternehmen und die Branche – ich war überrascht und auch ein wenig stolz. Der Begriff Fintech wurde immer populärer und ich mit ihm. Immer noch werde ich als eine der ersten Fintech-Gründerinnen gehandelt – nicht zuletzt wegen dieses initialen Artikels in der FAZ und meiner daraus folgenden Positionierung.

Ein Gesicht macht den Unterschied

Plötzlich war ich nachgefragt – wurde zu vielen Kongressen, Veranstaltungen eingeladen, wurde visibel. Und hatte damit für mich das Geheimnis wirksamer Öffentlichkeitsarbeit entschlüsselt: Es reicht nicht die eine gute Unternehmensgeschichte, das eine exzellente Produkt, es braucht immer auch ein Gesicht dazu, das diese Geschichte erzählt oder verkörpert. Heute nennt man das Personal Branding oder den Social CEO, der auf diese Weise sichtbar wird. Viele haben das inzwischen für sich entdeckt und gehen etwa auf LinkedIn großzügig mit ihren Geschichten und Themen an die Öffentlichkeit. Ein gelungenes Beispiel dieser Präsenz ist für mich die Unternehmerin Céline Flores Willers – mit knapp 100 000 Followern eine der LinkedIn Top Voices. Sie verfasst mindestens drei, vier Posts pro Woche und lässt ihre Community so an unternehmensrelevanten, aber auch persönlichen Themen teilhaben. Sie bezieht auch Position, so geschehen beim Thema Afghanistan oder in Sachen Diversität. Der Schlüssel zu ihrem Erfolg: Authentizität. Man glaubt ihr ihre Posts. Ebenso übrigens wie Verena Pausder – noch so ein Beispiel echt gelungener Kommunikation in eigener Sache. Ihre Themen sind nicht zuletzt deshalb so populär und werden breit diskutiert, weil sie äußerst umtriebig und elegant vielfach dafür Meinung macht. Verena nutzt die öffentliche Bühne exzellent für die Projekte, die ihr am Herzen liegen. So ist das Thema digitale Bildung nicht zuletzt aufgrund ihres kommunikativen Engagements aus der öffentlichen Bildungsdiskussion nicht mehr wegzudenken.

Nina sagt: Miriam hat das exzellent gemacht. Indem sie zum Gesicht des Unternehmens wurde, hat sie Ratepay enorm dabei geholfen, einer der führenden deutschen Payment-Anbieter zu werden und vor allem Mitarbeiter:innen an sich zu binden. Sie hat der Firma Gewicht, Gesicht und Profil verliehen. Das ist in einem B2B-Geschäft wie dem unseren nicht einfach. Fintech-Produkte sind selten einfach zu erklärende Consumer-Produkte, die in der breiten Öffentlichkeit als sexy gelten. Da ist eine öffentlich sichtbare Gründerin, die starke Themen besetzt, Gold wert, sowohl nach innen als auch nach außen.

Kurz: Miriams Besetzung ihrer Themen war der richtige Schritt zur richtigen Zeit. Sie hat früh erkannt, dass du als CEO für ein Thema stehen musst; Mitarbeitende und die Öffentlichkeit müssen wissen, was dein Credo, deine Vision für Unternehmen, Mitarbeiter, Kunden und Gesellschaft ist. Ich positioniere mich daher heute auch für bestimmte Themen – Themen, mit denen ich mich gut auskenne, bei denen ich Impulse setzen und Empfehlungen formulieren kann. Etwa beim Thema Change oder Leadership – hier kann ich meine Expertise aus mehr als 18 Jahren Berufsleben in die Waagschale werfen. Als CEO werde ich natürlich auch für viele Panels oder Diskussionsrunden angefragt. Und auch hier gilt meine Devise: Passt das Thema zu mir, passt es zu Ratepay? Dann komme ich gern.

Die Schlüsselbegriffe, die Nina hier umreißt, sind Glaubwürdigkeit und Authentizität. Nur wenn die Mischung aus passenden Themen, der passenden Sprache und der persönlichen Einordnung stimmt, dann funktioniert die Geschichte. Heute schreibe ich eine regelmäßige Kolumne für die Wirtschaftswoche, werde regelmäßig für thematisch passende Veranstaltungen, Buchbeiträge oder Jurys angefragt. Eine Tatsache, die bei meiner zweiten Unternehmensgründung vieles sehr viel leichter gemacht hat als beim Start von Ratepay.

Mein Twitter-Profil war also der Anfang meiner Öffentlichkeit, meiner Bekanntheit. LinkedIn und Instagram kamen dazu. Heute verfolgen mehr als 21 000 Menschen auf LinkedIn, was ich zu berichten habe. Trotzdem mag ich Twitter am liebsten.

Es liegt mir einfach, weil es schnell ist, was meiner Spontaneität zugutekommt. Ich trage mein Herz auf der Zunge und agiere auch so. Das polarisiert manchmal, sorgt aber auch für ein authentisches und eben glaubwürdiges Profil. Vor vier Jahren, als die AfD in den Bundestag einzog, setzte ich, kurz bevor ich in die USA flog, einen Post ab, in dem ich meiner ganzen Empörung mit sehr deutlichen Worten und einem »Fuck-Nazis«-Bild Ausdruck verlieh. Die Reaktionen waren natürlich nicht nur zustimmend. Besonders deutlich ist mir der Kommentar in Erinnerung geblieben, in dem ich gefragt wurde, ob ich solche politischen Statements überhaupt formulieren dürfe als Geschäftsführerin. Natürlich, antwortete ich, schließlich gäbe ich in meiner Position meine Gesinnung nicht an der Eingangstür des Unternehmens ab. Ähnlich harsch reagierten die Menschen auf einen Auftritt bei Gabor Steingart, bei dem ich mich spontan dafür stark machte, das Bargeld abzuschaffen. Der Social-Media-Aufschrei war groß.

Öffentlich zu agieren, bedeutet auch und besonders, Stellung zu beziehen, Flagge zu zeigen, sich einzumischen. Denn mit wachsender Popularität ist ja auch die Chance gegeben, gehört zu werden. Und ein zweiter Aspekt kommt hinzu: Im War for Talents kann ich als Vertreterin eines mittelständischen Unternehmens mit einem sichtbaren CEO-Profil Talente für uns gewinnen, die sonst vielleicht gar nicht auf uns aufmerksam geworden wären. Heute ist es an der Tagesordnung, ein Unternehmen, das eine spannende Position zu bieten hat, zu googeln, um es einzuordnen und zu verstehen, wie es tickt. Mit meiner Sichtbarkeit wurde Ratepay sichtbarer und damit auch für brillante Kandidat:innen interessanter. Heute hat Ratepay einen im Tech-Bereich ungewöhnlich hohen Frauenanteil von 40 Prozent, im Management 57 Prozent und wie wir aus Bewerberinnen-Interviews wissen, hat das nicht zuletzt mit meiner und Ninas Sichtbarkeit als Gründerin und CEO, als Rolemodels, zu tun.

Nach dem Start mit Social Media folgte ein zweiter Schritt, der uns als Ratepay indirekt große Aufmerksamkeit bescherte und bis heute beschert. Inspiriert von amerikanischen Vorbildern, wollte ich auch für Deutschland für unsere immer spannender werdende Nischenbranche »Payments« eine Konferenz ins Leben rufen, die vor allem das Netzwerken in den Mittelpunkt stellte. Denn eine solche gab es bis dato nicht; es gab zwar die klassischen Banking- und E-Commerce-Veranstaltungen mit immer denselben Teilnehmer:innen im schwarzen Anzug, aber kein Format, das sich den echten Tagesthemen und dem Networking verschrieben hatte. Ich wollte eine Veranstaltung ins Leben rufen, die es Händlern ermöglichte, über ihren Alltag im Online-Zahlungsverkehr über alle Regulierungen und Herausforderungen mit Gleichgesinnten zu sprechen. Eine Veranstaltung, die von den Dienstleistern der Branche gesponsert wird, die aber keinen Sales-Charakter hat. Eine Veranstaltung mit echten und relevanten Inhalten, in einer tollen Location und mit jeder Menge Spaß. Ich suchte Sponsoren, überzeugte die wichtigsten Player der Branche, fand großartige Speaker und eine ebenso großartige Location. Die erste Veranstaltung war ein voller Erfolg und es schien, als hätte die Branche nur darauf gewartet. Heute ist die »Payment Exchange« längst etabliert und das wichtigste Event der Branche in Deutschland. Allein 2019 konnten wir 200 Teilnehmer:innen für zwei Tage begrüßen – die gesamte Payment-Garde der deutschen E-Commerce-Branche war vertreten. Unsere Community wächst – heute betreibe ich als Gesellschafterin gemeinsam mit einer Gruppe der renommiertesten Blogger und Meinungsmacher der Fintech-Szene den Branchenblog paymentandbanking.com.

Das kleine Unternehmen fokussiert sich auf die Nachrichten und Neuigkeiten im Bereich Payment und Banking und hat inzwischen mehrere erfolgreiche Nischenkonferenzen an den Start gebracht, mit der »Payment Exchange« als Vorbild.

All diese Erfahrungen und meine Popularität kommen mir jetzt natürlich bei Banxware zugute. Das, was bei Ratepay anfangs gar nicht funktionierte, lief hier wie von allein: Die Unternehmensgründung und die Seed-Finanzierung schafften es in nahezu alle Wirtschaftsblätter. Und das Medieninteresse ist ungebrochen. Vieles mache ich nach wie vor selbst, bin auf Twitter und LinkedIn unterwegs.

Denkanstoß

Dass die CEO-Kommunikation immer wichtiger wird, stellt Voices PR im Buch *Wie kommunizieren Start-ups? CEO-Branding, Social Media, Public Relations und Mitarbeiterkommunikation* fest: »CEO Kommunikation ist wichtig, weil sich Kund:innen und potenzielle Mitarbeiter:innen heute nicht nur gute Produkte oder ein gutes Gehalt wünschen. Sie möchten, dass Unternehmen im Einklang mit Umwelt und Gesellschaft handeln und eine Vorbildfunktion übernehmen. [...] Der CEO ist die wichtigste Identifikationsfigur nach innen und nach außen; Sympathie für den CEO färbt direkt auf die Sympathie fürs Unternehmen ab.«

Der PR-Report hat in seiner August-Ausgabe 2021 einige Erfolgskriterien für ein gelungenes Personal Branding via Twitter zusammengetragen. Danach steht an erster Stelle die richtige Wahl des Themas: Was passt zu mir und mit welchem Thema möchte ich gesehen werden? Dazu gehört nach Ansicht des Blattes auch die Wahl entsprechender Hashtags – maximal drei sollten es sein, die man mit mir als Social CEO in Verbindung bringt. Als ebenso wichtig erachten die Autor:innen die Frage nach dem Profil: Die Angaben sollten nachprüfbar und vor allem echt sein. Die Identifikation entsprechender Multiplikatoren oder Journalisten komplettiert die kleine Checkliste.

Bis heute ist Twitter für mich auch ein wichtiges Medium, das ich für Recherchen nutze, mit dem ich Themen identifizieren kann, die gerade en vogue sind. Und: Twitter ist für mich eine wesentliche Netzwerkkomponente. Hier finden mich Geschäftspartner ebenso wie Journalisten und hier finde ich Menschen, mit denen ich ins Gespräch kommen möchte. Gerade Twitter ist ein Kanal, den ich nur selbst bediene. Bei meinen LinkedIn-Posts lasse ich mich inzwischen von meinen bewährten PR-Profis unterstützen, setze die Themen aber selbst. Aber trotz allem virtuellen Netzwerken gilt: Ich liebe es, auf Veranstaltungen, auf Panels oder in Diskussionsrunden live mit den Menschen ins Gespräch zu kommen. Den direkten Austausch vor Ort kann kein virtueller Kanal ersetzen.

Denkanstoß

Werbe- oder PR-Budgets sind bei Start-ups eher kleiner. Was sie sich aber leisten können, ist Kreativität – denn die ist auch mit Mini-Budget umsetzbar. Ein schönes Beispiel dafür liefert simpleclub, die Lern-App, die inzwischen mit rund 100 Mitarbeitenden zu einem schnell wachsenden Unternehmen avanciert. Die beiden Gründer setzen gar nicht mehr auf klassische PR, sondern fast ausschließlich auf Social-Media-Aktionen. Sind auf TikTok, Instagram und LinkedIn. Sie nutzen dazu meist internes Kreativ-Know-how, etwa beim Erstellen von Video-Clips oder Fotostorys für ihre Kanäle. Wie man als Start-up allgemein mit PR umgehen sollte, zeigt diese kleine Checkliste:

1. Ziele und Zielgruppen festlegen. Bevor es an die Planung geht, sollte man sich die Frage beantworten: Was wollen wir erreichen? Und: Bei wem möchten wir sichtbar werden und warum? Aber: PR sollte niemals mit Werbung oder Marketing verwechselt werden. PR ist eben nicht die billigere Werbung, wie so viele Gründer:innen meinen.

2. Storys mit echtem Mehrwert generieren. Klar, jeder Gründer denkt, er hat *die* Story mit seinem Unternehmen auf den Weg gebracht. Meistens stimmt das aber leider nicht. Worum es geht, wenn man sichtbar werden will? Die Geschichten müssen neu, einzig- oder andersartig sein.

3. CEO oder Gründer:innen als Gesicht und Botschafter etablieren. Das macht Unternehmen anfassbar, authentischer und persönlicher. Übrigens funktioniert das gerade im Social-Media-Zeitalter besonders gut. Musste man früher den Chef mit seinen Botschaften auf entsprechenden Veranstaltungen platzieren, kann man ihn/sie jetzt deutlich leichter und schneller als früher via LinkedIn & Co. in Szene setzen.

4. Beziehungen zu Journalisten aufbauen. Beziehungen sind das halbe Leben, wussten schon unsere Großmütter. Bei PR sind sie entscheidend. Es gilt, die eine, den einen pro Medium zu finden, der sich mit der Branche, dem Wettbewerb und dem Markt aus-

kennt. Clever ist, wer sich anhand der Berichterstattung über den Wettbewerb schlaumacht, wer gerade über wen spricht oder schreibt. Und natürlich gilt: Journalisten sind auch nur Menschen und wollen freundlich angesprochen werden.

5. Persönliche Ansprache: Hat man dieses Netzwerk, dieses mediale Beziehungsgeflecht, sprich: den Verteiler, aufgebaut, muss man es auch entsprechend bedienen können. Die anonyme Mail mit einer Pressemitteilung an 400 Journalisten hat vielleicht gestern funktioniert. Heute zählt Klasse statt Masse. Also besser nur einen kleinen, dafür aber feinen Presseverteiler, den man persönlich bedient. Gern auch mit einem persönlichen Bezug auf die letzte Veröffentlichung der Ansprechpartner.

6. Social Media ist ein Muss. Am besten fokussiert man sich hier auf einen Kanal, den auch die Wettbewerber oder die Kunden nutzen. Schafft man es beim Tagespensum nicht, hier präsent zu sein, ist gegen die Hilfe von außen nichts einzuwenden. Allerdings: Das Ganze muss authentisch bleiben und darf nicht überhandnehmen.

7. Basics sicherstellen: Dazu gehören unter anderem Erreichbarkeit, gutes Bildmaterial von Produkt, Team, CEO und vernünftig gestaltete Vorlagen für Pressemitteilungen.

Unsere PR-Expertinnen: Barbara Klingelhöfer und Caroline Wahl

Als Expertinnen zum Thema Kommunikation haben wir die Menschen gewählt, die uns beide – Nina bis heute und mich für eine sehr lange Zeit – in unserer Kommunikation begleitet haben: Barbara Klingelhöfer und Caroline Wahl.

Die beiden führen mit »Voices PR« mittlerweile die erste deutsche PR-Boutique für CEO- und Founder-Kommunikation und zeigen damit, welchen zentralen Stellenwert Gründer und CEOs in der Außendarstellung einnehmen. Die Frage an sie: Ist die klassische PR tot?

Ist die klassische PR tot?

Von Barbara Klingelhöfer und Caroline Wahl

In den letzten Jahren hat sich die Rolle von Public Relations massiv verändert. Traditionell gehörten Zeitungen, Zeitschriften, Fernsehsender und Radiosender zu den wichtigsten Zielmedien von PR-Managern und -Agenturen. Die Medienarbeit war in erster Linie einseitig, das heißt, PR-Fachleute kommunizierten mit den Medien vor allem durch Pressemitteilungen. Ihren Erfolg maßen sie mit der Anzahl der Presseerwähnungen und indem sie schwindelerregende »Reichweiten« in einer Excel-Liste notierten, die Aufschluss darüber geben sollte, wie viele Menschen die PR-Berichte angeblich gesehen haben.

Mit Fortschreiten der Digitalisierung ging die Zahl der Printmedien und damit auch die der Journalisten, die man ansprechen könnte, zurück. Heute müssen PR-Manager ihre Botschaften in einer Vielzahl von digitalen Kanälen verbreiten und mit ihren Zielgruppen in den Austausch gehen. Kommunikation ist schon lange keine Einbahnstraße mehr, die Pressemitteilung eine aussterbende Gattung, die Excel-Liste auch.

Das ist leider noch nicht überall angekommen. In den letzten Jahren durften wir mit vielen Tech-Unternehmen zusammenarbeiten, die eine Zeit lang von klassischen PR-Agenturen unterstützt wurden und sich später frustriert abgewendet haben, weil sie nicht erkennen konnten, inwiefern ihnen die traditionelle PR – für die sie zumeist einen Haufen Geld auf den Tisch gelegt haben – überhaupt noch helfen kann.

In seinem Buch *The Fall of PR and the Rise of Advertising* legt der Marketingexperte Stefan Engeseth den Finger in die Wunde und stellt mit einem Augenzwinkern zehn Thesen auf, warum klassische PR und klassische PR-Agenturen nicht mehr viel wert sind:

- PR kann nicht länger unter dem »Bullshit-Radar« fliegen: Intelligente Verbraucher durchschauen es inzwischen, wenn Medien versuchen, ihnen PR-Botschaften unterzujubeln.

- PR-Agenturen können eine wichtige Wahrheit nicht länger verbergen: Dank 100 Millionen Bloggern sind die klassischen Medien keine »third party« mehr, sondern nur noch eine von sehr vielen Stimmen.

- PR-Leute tun sehr wenig für die Markenstrategie der Unternehmen, für die sie arbeiten, und die Unternehmen beginnen das zu merken.

- Jeder Papagei kann lernen, Worte wie »Branding« und »Advertising« auszusprechen, aber das bedeutet nicht unbedingt, dass er auch versteht, was sie bedeuten.

- Geiz und Wettbewerb haben PR-Agenturen dazu gebracht, Pressebelege (sogenannte Clippings) kiloweise zu verkaufen. Dadurch ist es für Unternehmen einfacher geworden, PR als künstlich erzeugt zu identifizieren.

- PR-Agenturen lieben Krisenkommunikation – nicht wegen der tollen Herausforderung, sondern wegen des Geldes. Krisenkommunikation ist ein Goldesel und wird oft von derselben Agentur verkauft, die auch den Rest der PR macht.

- Die Versuche von PR-Agenturen, sich in wichtige Internetforen einzuschleusen, gehen oft nach hinten los, da sie über wenig Digitalkenntnisse verfügen (mehrere Agenturen wurden bereits wegen gefälschter Beiträge aus dem Verkehr gezogen).

- PR-Agenturen liefern bei weitem nicht das, was ihre Kunden verlangen. Neun von zehn der befragten Kunden sind sich nicht sicher, wofür sie bezahlen.

- Ein Mangel an Regeln und Ethik treibt PR-Agenturen oft dazu, übers Ziel hinauszuschießen.

- Aufgrund von Zeitmangel und der Konkurrenz durch das Internet beruht vieles, was in den traditionellen Medien als Nachricht durchgeht, auf keiner glaubwürdigen Quelle. Testen Sie es selbst: Überprüfen Sie die Quellen in den Zeitungen, die Sie diese Woche lesen. Wenn Sie einen Artikel mit einer Quelle finden, die nicht auf Profit ausgerichtet ist, dann rahmen Sie diesen Artikel ein. Es könnte der letzte seiner Art sein.

PR lässt sich nicht länger im luftleeren Raum betreiben. Das gilt aber auch umgekehrt: Um im digitalen Stimmengewirr gehört zu werden, reicht PR nicht aus. Durch die vielen digitalen Kanäle und die Tatsache, dass immer weniger Verbraucher klassische Medien konsumieren, sollten Unternehmen erst einmal über eine glasklar definierte Marke verfügen. Hier sitzen die Kollegen vom Digital Marketing und vom Brand Marketing am längeren Hebel. Aber auch PR-Manager müssen mit ihren Strategien und Kampagnen auf die Markenbildung und -wahrnehmung einzahlen. Es ist also nicht verwunderlich, dass Disziplinen wie Content-Marketing, Social Media oder Influencer-Marketing in vielen modernen Unternehmen heute ebenso in den Aufgabenbereich eines PR-Profis fallen wie die traditionellen Kanäle.

CEO als oberste Influencer:in

Marketing-Guru Seth Godin hat einmal gesagt: »People do not buy goods and services. They buy relations, stories and magic.« Dieser Aussage stimmen wir uneingeschränkt zu. Verbraucher:innen, Mitarbeiter:innen und Journalist:innen lassen sich nur dann noch hinter dem Ofen hervorlocken, wenn ein Unternehmen klare Botschaften mit einem klaren Absender streut, wenn diese Botschaften erkennbar auf die Markenstrategie des Unternehmens einzahlen, wenn Beziehungen aufgebaut werden und ein Dialog stattfindet – über alle relevanten Kanäle hinweg.

Wie wir in der PR-Arbeit mit Miriam Wohlfarth gesehen haben, braucht es dazu bei jungen Unternehmen keine riesige Abteilung mit 50 verschiedenen Marketing- und PR-Experten. Am Anfang ist es vor allem die Gründerin, die für die Markenbildung des Unternehmens steht. Genauer gesagt *ist* sie die Unternehmensmarke.

Im Gegensatz zu einem noch abstrakten, unbekannten »Unternehmen« sind Gründer:innen in der Lage, das zu leisten, was Seth Godin beschreibt: Sie können Beziehungen aufbauen. Sie können spannende Geschichten erzählen. Sie können magische Momente schaffen, indem sie erzählen, welche Leidenschaft und Mission sie antreibt.

Wie gut das funktioniert – auch ohne riesige Marketingabteilung oder teure PR-Agentur im Hintergrund – sehen wir bei Miriam

> Wohlfarth, bei Nina Pütz und bei vielen anderen Gründer:innen und CEOs, die sich entschlossen haben, Excel-Listen und Pressemitteilungen in die Ecke zu verbannen und lieber in einen relevanten, authentischen Dialog mit ihren Zielgruppen zu treten.

Kommunikation in Zahlen

PR und Marketing verzahnen sich.

55 % der Unternehmen haben PR und Marketing, vormals getrennte Abteilungen, bereits vereint.

80 % der Unternehmen sagen, dass sie auf PR-Agenturen verzichten können.

Owned Media (eigene Kanäle und Inhalte) gewinnt an Bedeutung.

11 % der Unternehmenskommunikation läuft über soziale Medien.

80 % sehen als wichtigste Kommunikationsmaßnahme bei Owned Medien die Pflege eigener Social-Media-Accounts. (Springer Buch *Marke und digitale Medien*, 2020)

39 % der Menschen in Deutschland sehen CEOs als glaubwürdige Absender von Informationen. (19. Edelman Trust Barometers)

Zwei Drittel der Nutzer von Finanzpublikationen in Deutschland haben mehr Vertrauen in CEOs, die aktiv auf Social Media kommunizieren, als in solche, die das nicht tun. (Brunswick-Studie »Connected Leadership 2021: Stakeholder wollen twitternde CEO«)

#recruiting

Ninas Geschichte

Der Kampf um gute Köpfe hat gerade erst begonnen

Leidenschaft und Leadership machen den Unterschied bei der Suche nach guten Köpfen. Wohl dem, der beides hat.

Wie schon vor Jahren prognostiziert, schlägt der Fachkräftemangel in Deutschland besonders in der Tech-Branche zu, und Großstädte mit vielen Tech-Firmen wie Berlin sind besonders betroffen. Ich merke das jeden Tag: Mache ich doch inzwischen neben meinem CEO-Job auch den eines Headhunters für Top-Talente. Denn: Mittelständische Unternehmen haben es im Vergleich zu Konzernen ungleich schwerer, die Guten für sich zu gewinnen. Nicht selten ist meine Unterstützung gefordert, wenn es auf den letzten Metern darum geht, Wunschkandidaten von Ratepay zu überzeugen. Fakt ist: Bei Ratepay wollen und müssen wir personell massiv wachsen, haben Stand heute fast 100 offene Positionen, die wir kaum besetzen können. Recruiting ist also eine unserer Top-Prioritäten. Neben meinem persönlichen Engagement setzen wir zudem auf eine starke Employer Brand. Eine weitere Stärke im Vergleich zum Wettbewerb ist unsere starke weibliche Führung. Hier punkten wir vor allem damit, dass wir eben nicht der klassische Boy's Club sind.

Tech-Giganten punkten mit Arbeitgeber-DNA

Die amerikanischen Tech-Giganten wie Netflix, Google, Apple & Co. haben das schon deutlich früher begriffen und eine überzeugende Arbeitgeber-DNA geschaffen, die bis heute im War for Talents wirkt und ständig weiterentwickelt wird. Auch wenn es zumindest bei Google erste Risse in der Fassade der Mitarbeitendenzufriedenheit gibt – haben doch hier Anfang 2021 Mitarbeitende eine Gewerkschaft gegründet, die dafür sorgen will, dass die Werte und Ideale der Mitarbeitenden respektiert werden –, gelten sie vor allem bei den jungen Talenten immer noch als Vorzeigearbeitgeber. Das jedenfalls stellt der »Hired's 4th Annual Global Brand Health Report« im September 2020 fest. Flache Hierarchien, flexibles Arbeiten, eine umfassende Gesundheitsvorsorge, eine ausgewogene Balance von Privat- und Arbeitsleben, kostenlose Snacks – all das sind Selbstverständlichkeiten, die gerade diese Unternehmen so begehrt machen. Netflix, das dieses Ranking übrigens mit weitem Abstand anführt, punktet dazu noch mit einem Management-Stil, der hierzulande seinesgleichen sucht. So proklamieren die Amerikaner auf der Unternehmenswebsite: »Our core philosophy is people over process. More specifically, we have great people working together as a dream team. With this approach, we are a more flexible, fun, stimulating, creative, collaborative and successful organization.« Und offensichtlich hält der Tech-Gigant, was er verspricht. So jedenfalls lassen die Bewertungen auf dem Arbeitnehmerportal Glassdoor vermuten: 70 Prozent der Mitarbeitenden würde Netflix als Arbeitgeber Freunden empfehlen und 90 Prozent sind Fans von Geschäftsführer Reed Hastings.

Da hat Netflix vieles richtig gemacht und ist mit Recht zu einem begehrten Arbeitgeber geworden. Ein kleineres oder mittleres Unternehmen hat es hier deutlich schwerer. Hinzu kommt der Shift vom Arbeitgeber- zum Arbeitnehmermarkt, der dafür sorgt, dass Unternehmen heute mehr denn je Bewerber:innen von sich überzeugen müssen. Um im Ozean der großen Arbeitgebermarken aufzufallen, muss man vor allem sichtbar werden und bleiben. Oder so manches Mal eben selbst antreten – wie ich bei Ratepay. Ich erinnere mich gut an meine erste C-Level-Besetzung: Der Mann passte hervorragend, hatte eine exzellente Vita und war genau das, was wir suchten und brauchten. Einziges Manko: Er war schlicht zu teuer. Jedenfalls war sein Gehaltswunsch zunächst der Grund für eine fast schon ausgesprochene Absage, weil es nicht ins bestehende Gehaltsgefüge passte. Ich habe dann für ihn gekämpft, habe etliche Gespräche geführt – mit ihm, mit Miriam, unseren Investoren. Schließlich konnte ich mich durchsetzen. Mein Argument: Top-Qualität muss man sich leisten können, bringt aber am Ende auch mehr. Bei uns waren außergewöhnliche Gehälter vor meiner Zeit eher die Ausnahme. Ich glaube aber fest daran, dass es für Schlüsselfunktionen Top-Kandidaten benötigt, die ihren Preis haben. Über die Entscheidung freue ich mich übrigens bis heute jeden Tag, und wir haben in diesem Bereich im letzten Jahr außerordentliche Fortschritte gemacht.

Begehrte Arbeitgeber in Deutschland

Kann man nicht persönlich punkten, muss man anders sichtbar werden. So setzen auch in Deutschland Konzerne und Mittelständler vermehrt auf ein rundes Arbeitgeberimage und zeigen, was Mitarbeitende bei ihnen zu erwarten haben. Wie lohnenswert dieses Ansehen im Markt für Unternehmen tatsächlich ist, stellt alljährlich die Unternehmensberatung trendence mit ihrem Report zu den besten Arbeitgebermarken bei Akademikern fest. Befragt werden Top-Qualifizierte mit Hochschulabschluss. 2021 wählten diese den Münchner Automobilhersteller BMW auf Platz 1 und bescheinigten ihm damit, das zehnte Mal in Folge übrigens, beste Arbeitgeberqualitäten. Auch Porsche und Audi bewegen sich an der Spitze des Rankings. Deutsche Bahn und Siemens landen gemeinschaftlich auf Platz 9. Auch Amazon scheint für die gut Ausgebildeten eine interessante Arbeitgeberwahl.

Wie man in diesem Ranking der Besten punkten kann, zeigt Porsche mit seiner exzellenten Arbeitgeberkampagne. Der Autobauer gilt als einer der besten Arbeitgeber Deutschlands. Und zeigt das auch selbstbewusst. So wirbt das Stuttgarter Unternehmen bodenständig und authentisch, mit Schwarz-Weiß-Motiven, allesamt im Unternehmen geshootet, und spielt in den Headlines auch noch gekonnt mit dem Luxus-Image des Hauses: »Sie sind irgendwie ein Nerd. Wir sind irgendwie Nerds. Wir sollten uns kennenlernen.« Oder auch: »Wer eine Ikone erstrahlen lassen will, muss nicht selbst ins Rampenlicht.«

Zielgruppe waren und sind Nachwuchskräfte, junge Ingenieure oder IT-Spezialisten. Denn die, das zeigt der anhaltende Fachkräftemangel im Tech-Bereich, gewinnt man heute trotz starker Marke nicht mehr so leicht. Ein Klick auf die Motive führt auf die ebenso ausgezeichnete Karriereseite des Hauses. Hier wird offenbar, dass es neben humorvollen und spannenden Motiven eben auch mehr braucht, wenn man Mitarbeitende von sich überzeugen möchte. Eine hohe Wertschätzung – und zwar unabhängig von deiner sexuellen Orientierung, deiner Nationalität, deiner Religion, deines Geschlechts – gehört ebenso dazu wie entsprechend attraktive Pakete, die die Kandidat:innen überzeugen sollen: etwa flexible Arbeitszeiten oder attraktive soziale Leistungen wie eine umfassende betriebliche Altersvorsorge, Betreuungsangebote für Kinder, Unterstützung für Mitarbeitende, die Angehörige pflegen, flexibles, örtlich unabhängiges Arbeiten oder Sabbatical-Möglichkeiten. Nicht umsonst haben Porsche und zahlreiche weitere deutsche Konzerne lockende Angebotspakete dieser Art geschnürt.

Lange Zeit war das anders, Offerten dieser Art eher selten: Unternehmen konnten sich ihre Mitarbeitenden aussuchen. Wer einen guten Job ergattern wollte, wer Karriere machen wollte, der musste sich ins Zeug legen. Heute muss der Arbeitgeber überzeugen: mit einem attraktiven Umfeld, Karrieremöglichkeiten und viel Flexibilität bezogen auf Arbeitszeiten oder Arbeitsort. Kurz: einem ausgewogenen Paket, das Leben und Arbeit so miteinander verbindet, wie es den aktuellen Anforderungen der Bewerber-Generationen entspricht. Nicht selten sind es die großen Kampagnen großer Unternehmen, die die Top-Talente anziehen. Unternehmen wie Ratepay, die kein Riesen-Budget für Kampagnen dieser Art haben, müssen andere Wege gehen. So setzen wir stark auf unsere Netzwerke in den sozialen Medien, nutzen die großen Reichweiten, die Miriam und ich hier aufgebaut haben. Der Vorteil in einem solchen Prozess: Wir erhalten echte Empfehlungen, erhalten also nicht nur den sicher sachlich fundierten Vorschlag eines Headhunters oder eine schlichte Bewerbung, sondern eine persönliche Einordnung aus dem Netzwerk heraus.

Auch mein Wechsel zu Ratepay begann sehr persönlich. Ich hatte Miriam erzählt, dass ich mich neu orientieren wollte. Miriam sah das als Fügung. Einen Tag vor dem ersten Lockdown im März 2020 trafen wir uns zum Mittagessen. Ich hatte Ratepay ehrlich gesagt zunächst gar nicht auf der Agenda, führte bereits Gespräche mit einigen spannenden Unternehmen. Beeindruckt hat mich hier vor allem Google, wo ich sicherlich sieben oder acht Runden gedreht habe, die alle von der Personalabteilung vor- und nachbereitet wurden – keine Selbstverständlichkeit. Dann kam Ratepay. Überraschend, aber reizvoll. Ich hatte zwar einen Konzernhintergrund, aber mit brands4friends ja auch diese Erfahrung im Mittelstand. Und: Ich wusste, was Miriam mit Ratepay geleistet hatte, hatte eine Ahnung von der dort herrschenden Kultur. Kurz: Ich freute mich auf diese Herausforderung. Aber erst einmal kam der Lockdown, wir ließen das Thema ruhen. Als wir es wieder aufnahmen, gab es noch die eine oder andere Hürde zu nehmen: Ich war ja branchenfremd, kam aus einem ganz anderen Business als dem Payment oder Banking, war im B2C-E-Commerce unterwegs.

Und genau das war für die Eigentümer schließlich interessant. Und so ging ich zu Ratepay. Was mein ganz persönliches Beispiel zeigt: Recruiting ist oftmals Bauchsache. Es muss passen zwischen den Akteuren, wenn man Themen voranbringen will. Die Kultur muss passen. Auch die berufliche Qualifikation gehört dazu – ohne meine Erfahrung hätte es sicher nicht gereicht für diesen Job.

Miriam sagt: Als Nina zusagte, CEO von Ratepay zu werden, habe ich mich wahnsinnig gefreut. Wusste ich doch »mein Baby« in den richtigen Händen. Ich wusste, dass Nina für die nächste Ratepay-Stufe die richtigen Skills im Gepäck hat. Und ich wusste, dass sie mich mit ihrer Wahl allen anderen Jobangeboten vorzog. Ein Kompliment – nicht nur für Ratepay, sondern auch für mich. Will ich Talente gewinnen, muss ich bei meinen Zielgruppen punkten. Ist der sogenannte War for Talents doch längst ausgebrochen; gute Mitarbeitende zu gewinnen und zu halten, wird durch den demografischen Wandel, den daraus resultierenden Fachkräftemangel, steigende Bewerber:innenansprüche und ganz neue, digitale Berufsfelder immer schwerer. Die gute Nachricht: Social Media hat das Recruiting revolutioniert! Früher musste man mit Stellenanzeigen punkten, die im Meer der Anzeigen auffallen mussten, heute kann man das – deutlich schneller und weniger kostspielig – via Twitter, LinkedIn & Co. Meine persönlichen Social-Media-Kanäle, aber auch die Social-Media-Auftritte von Ratepay und Banxware zeigen, wofür ich, wofür die Unternehmen stehen. Wir erzählen Geschichten, zeigen, was wir machen, wofür wir brennen, wie wir Arbeit und Privatleben unter einen Hut bringen, beziehen Stellung, etwa beim Thema Nachhaltigkeit, und entführen potenzielle Kandidat:innen damit in die Welt des Unternehmens. So schaffen wir bereits vor dem Bewerbungsprozess eine Art persönliche Beziehung. Dieser Blick hinter die Kulissen, diese Sichtbarkeit unserer internen Strukturen und Prozesse macht Bewerber:innen klar, was sie bei uns erwarten können. Er zeigt, wer und was wir sind – und was wir nicht sind. Und macht es uns als kleinem Unternehmen leichter, passende Kandidat:innen von uns überzeugen zu können – auch wenn wir nicht alle Benefits eines Konzerns bieten können.

> **Denkanstoß**
>
> Was genau die heutigen Bewerbergenerationen wollen, zeigt ein Blick auf die Charakteristika dieser Generationen. War die Generation Y, geboren in den frühen 1980er bis zu den späten 1990er Jahren, vor allem von Unabhängigkeit und Individualismus bei einer ausgewogenen Work-Life-Balance geprägt, legt die Gen Z, geboren ab 1995, vor allem Wert auf eine Verschmelzung von Arbeit und Leben – das jedenfalls stellt Forbes 2020 fest. Die Gen Z ist deutlich globaler als alle Vorgängergenerationen und deutlich mehr an der Selbstdarstellung interessiert als andere. Sie ist aber sehr viel deutlicher auch darauf fokussiert, Einfluss zu nehmen. Und zwar besonders im Hinblick auf Klimaschutz und Nachhaltigkeit. Dafür, so stellt eine repräsentative Studie der Non-Profit-Organisation Startup Teens 2020 fest, will die Gen Z einiges tun. So bekunden 74 Prozent der Befragten eine hohe Lernbereitschaft, also eine Bereitschaft, sich auch berufsbegleitend weiterzuentwickeln. Auch führen will diese erste Generation der Digital Natives: 63 Prozent wollen Verantwortung im Management übernehmen. Auf diese hohen Erwartungen des Nachwuchses muss man sich als Unternehmen einstellen und Angebote bereithalten, die ihnen entsprechen.

Diese Entwicklung bei Bewerber:innen und das seit einigen Jahren neu entdeckte Employer Branding großer Konzerne macht das Recruiting für Neugründungen, kleinere Unternehmen und den Mittelstand wie gesagt deutlich anspruchsvoller. Große Kampagnen sind selten möglich, eine zeitaufwändige Positionierung am Arbeitsmarkt ebenso.

Wir nutzen heute für Ratepay neben unseren eigenen sozialen Netzwerken eine externe, performance-optimierte Recruiting-Seite, um die vielen offenen Positionen noch schneller besetzen zu können. Und: Wir setzen verstärkt auf Near- und Offshore-Projekte, setzen also auf das Ausland. Rekrutieren beispielsweise in Portugal oder Indien. In Deutschland kein leichtes Unterfangen. Gilt es doch hier, etliche bürokratische Hürden, etwa zur Erlangung befristeter Aufenthaltsgenehmigungen inklusive Arbeitserlaubnis, elegant zu nehmen. Hier wünschte ich mir deutlich mehr Flexibilität.

Miriam sagt: Bei einer Bewerbungsrunde hatten wir uns bereits bei der Erstellung des Stellenprofils gedanklich so detailliert wie möglich in die Position potenzieller Bewerber:innen versetzt, um ein möglichst realistisches Bild der Anforderungen und Bedingungen zu spiegeln. Ähnlich, wie man es im Marketing beim Erstellen einer Kunden-Persona macht. Die offene Stelle haben wir anschließend sehr breit über die sozialen Medien promotet, sowohl über den Firmen- als auch über meinen persönlichen Account. Die Resonanz war erstaunlich und groß. Wir hatten die Qual der Wahl – ein Luxusproblem in Sachen Recruiting.

Ich wünschte, dieses Luxusproblem hätten wir auch. Das Gegenteil ist der Fall: Zwar haben wir in bestimmten Bereichen eine Vielzahl an Bewerbungen, aber oftmals genügt der Anspruch der Bewerber schlicht nicht unseren Ansprüchen, zum Beispiel im Bereich Machine Learning. Von 100 Bewerbern haben wir zuletzt 90 abgelehnt. Schafft es ein Kandidat, eine Kandidatin in den eigentlichen Bewerbungsprozess, dann gibt es nach einem allgemeinen Kennenlerngespräch, das klären soll, ob man grundsätzlich zueinander passt, drei bis fünf weitere Runden mit relevanten Stakeholdern. So gibt es neben den klassischen Gesprächen mit dem Recruiting- und dem Hirin-Manager immer auch noch eine Team- und Culture-Fit-Runde oder eine, in der wir nach Erfahrungen und Mindset fragen. Auch das Aufbereiten und Präsentieren einer Case Study, die zu der zu besetzenden Rolle passt, gehört bei uns dazu.

Kultur macht den Unterschied

Was braucht es noch, wenn man als Start-up oder auch als inzwischen etablierter Mittelständler passende Mitarbeitende gewinnen möchte? Und wie kann man sie nicht nur gewinnen, sondern auch halten? Ich bin überzeugt, dass es gar nicht so sehr auf attraktive Sozialpakete oder ein hohes Gehalt ankommt, sondern vielmehr auf den Spirit, der die Unternehmenskultur, die DNA des Unternehmens ausmacht. Was leitet das Unternehmen, wie ist der Umgang miteinander? Gibt es eine gesunde Fehlerkultur? Wie wird geführt? Welchen Beitrag leistet das Unternehmen für Klima und Umweltschutz? Welchen für Diversity?

All das sind Aspekte, die Arbeit heute sinnhaft machen, für Einordnung und Relevanz sorgen und damit einen wesentlichen Anspruch der jungen Bewerbergenerationen erfüllen.

Denkanstoß

Wie wichtig der Sinn einer Tätigkeit ist, hat eine aktuelle amerikanische Studie von BetterUp, einem Unternehmen, das sich auf Coaching spezialisiert hat, herausgefunden. Sie befragten nämlich repräsentativ amerikanische Menschen nach dem Wert sinnstiftender Arbeit. Für mich nicht überraschend: 90 Prozent der Befragten gaben an, dass sie für eine sinnstiftende Arbeit auf Gehalt verzichten würden. Zu einem ähnlichen Ergebnis kommt auch eine Untersuchung von XING aus dem Jahr 2019: Auch hier votierten die meisten für eine sinnstiftende Aufgabe bei gleichzeitig weniger Gehalt.

Wie aber kann ein Unternehmen für langfristige und nachhaltige Sinnstiftung sorgen? Was braucht es, um ein Unternehmen mit Haltung in die Zukunft zu entwickeln? Einmal unabhängig davon, dass natürlich das Produktportfolio und die Finanzen eines Unternehmens stimmen müssen, sind es für mich vor allem die Menschen, die diese Zukunft sinnhaft gestalten können. Und: eine gute Führung. Denn die macht in Verbindung mit der richtigen Haltung und der entsprechenden Kultur den Unterschied. Weil Leadership ein so wichtiger Baustein für ein Unternehmen ist, haben wir dem Führungsthema ein eigenes Kapitel gewidmet. Hier zeigen wir, was exzellente Führung bewirken kann und welchen Unterschied eine gute Chefin, ein guter Chef machen.

Zurück zum Recruiting. Gerade im Tech-Bereich ist der Markt derzeit nahezu leergefegt. Was dazu führt, dass man mitunter Personen einstellt, die nicht zu 100 Prozent passen. Stelle ich am liebsten Menschen ein, die auf meiner Zehn-Punkte-Skala auch zehn Punkte erreichen, muss ich in der jetzigen Situation das eine oder andere Mal Abstriche machen. Auch die Geschwindigkeit bei der Besetzung offener Positionen ist immer ein schlechter Ratgeber, der letztlich zu Frustration auf beiden Seiten führt. Man sollte auch nie eine Rolle um eine Person herum stricken und die Position nicht over-sellen. Das führt zu Überforderung oder Desillusionierung auf Bewerberseite und dazu, dass Kandidaten wieder gehen, weil sie, wie unlängst in unserem Treasury-Bereich geschehen, mit der Aufgabe nicht glücklich sind.

Miriam sagt: Tatsache ist: Die Notwendigkeit von Fachwissen relativiert sich. In einer Welt, die sich ständig verändert, reicht es heute nicht mehr aus, sich auf den einst errungenen Master-Abschluss oder das einmal Erlernte zu berufen. Vielmehr braucht es eine neue Offenheit: Offenheit, sich in andere Gebiete zu wagen, zu lernen, anders zu denken. Will man die echten Talente finden, die ein Unternehmen weiterbringen, dann muss man neben den harten Lebenslauffakten auch und besonders auf Kommunikationsfähigkeiten und Soft Skills wie Anpassungsfähigkeit, Flexibilität und Resilienz achten.

Beispiel Ratepay: Für unseren neu geschaffenen Treasury-Bereich hatten wir zwei Positionen zu besetzen. Eine Führungskraft und eine an sie berichtende Funktion hatten wir ausgeschrieben. Schnell hatten wir zwei ideale Kandidat:innen identifiziert. Beide kamen aus dem Bankenbereich – eine Idealbesetzung also, dachten wir. In unserer Begeisterung ob der guten Profile wurden die beiden Positionen »aufgeblasen«, wurden also reifer und weniger operativ dargestellt, als sie es eigentlich waren. Ein fataler Fehler, wie sich bald herausstellen sollte. Beide sagten zu und kamen zu Ratepay. Nach Onboarding und den ersten Monaten in ihren neuen Rollen war klar: Das passt nicht auf Dauer. Beide Kolleg:innen waren unzufrieden, sahen in der Position nicht das Potenzial, das wir versprochen hatten. Die Folgen lagen auf der Hand: Frustration auf beiden Seiten. Haben sich doch weder die Erwartungen der Bewerber:innen erfüllt noch unsere.

Beide verließen das Unternehmen noch während der Probezeit. Bedauerlich, denn eigentlich hätte zumindest die eine Kandidatin nach einer Weile exakt den Job gehabt, den sie angestrebt hatte. Die bis dahin zurückzulegende »Durststrecke« – bedingt durch Neuaufstellung und Transformation – hatten wir nicht transparent genug kommuniziert und konnten es auch im Nachhinein nicht plausibel darstellen. Ein klassischer Recruiting-Fehler, der uns in dieser Form sicher nicht wieder passieren wird.

Unser Recruiting-Experte Robin Sudermann

Zum Thema Recruiting haben wir einen Experten befragt, der mit seinem Unternehmen für eine neue Denke in der Personalbeschaffung steht. In seinem Statement ordnet Robin Sudermann das Thema Recruiting neu ein und stellt dabei dessen zentrale Bedeutung für den Unternehmenserfolg heraus.

So geht Recruiting heute: die größten Herausforderungen und wie man mit ihnen umgeht

Von Robin Sudermann

Recruiting hat sich zum zentralen Erfolgskriterium für nahezu jedes Unternehmen entwickelt. Egal ob Softwareentwickler:innen, Fahrer:innen, Handwerker:innen oder anderes Fachpersonal, nahezu in allen Branchen und Segmenten des Marktes haben Unternehmen Probleme, offene Stellen zu besetzen. Seit 2021 hat sich die Situation am Arbeitsmarkt aus Unternehmenssicht weiter verschärft. Gleichzeitig ist Recruiting immer noch einer der am stärksten unterschätzten Faktoren. Woran liegt das?

Die Folgen von Problemen im Recruiting und fehlender Attraktivität am Arbeitsmarkt werden oft erst im Zeitverlauf sichtbar. Mitarbeiter:innen verlassen das Unternehmen und Tätigkeiten werden vorübergehend vom bestehenden Personal aufgefangen. Das von der Geschäftsleitung geplante Wachstum erfordert neues Personal, doch aufgrund der Arbeitsmarktsituation werden in der Realität Bewerber:innen eingestellt, die nicht zu 100 Prozent auf die Stellen passen. Das Ergebnis fällt in der Regel erst Monate später ins Gewicht. Bis dieser Missstand in der Führungsebene ankommt – und damit auf höchster Ebene strategisch betrachtet, diskutiert und hinterfragt wird –, vergeht wertvolle Zeit. Daher ist Recruiting selten das dringendste Problem. Und zwar genau deshalb, weil Recruiting in der Regel erst mittelfristig sichtbar wird und Änderungen in der Strategie daher erst Monate später zum gewünschten Erfolg führen können.

Dynamiken auf dem Markt: Vor welchen Herausforderungen das Recruiting heute steht

Wir erleben mehrere Faktoren, die sich wechselseitig zu einem stärkeren Wettbewerb der Unternehmen um die besten Talente multiplizieren:

1. Der Bedarf, neue Mitarbeiter:innen zu gewinnen, wird häufig zu spät erkannt. Rekrutierungsbedarf entsteht aus Fluktuation – demografisch bedingt oder durch Abwanderung – sowie der Wachstums- und/oder der Veränderungsdynamik des Unternehmens. Mit Blick auf die Digitalisierung bedeutet das beispielsweise, dass der Bedarf an Spezialist:innen steigen wird – um den Rekrutierungsbedarf richtig einschätzen zu können, muss man jedoch schon heute mitdenken, wen man morgen auf diesen neuen Jobprofilen brauchen wird. Welche Stellen muss ich neu besetzen und wo komme ich mit einem Re-Skilling-Ansatz ans Ziel?

2. Der Wettbewerb um die gleichen Talente trägt sich mittlerweile durch alle Branchen – das betrifft Jobs rund um die Digitalisierung ebenso wie neue Geschäftsmodelle à la Express-Lieferdienste oder E-Commerce. Unternehmen, die händeringend Fahrer:innen suchen, stehen nicht nur untereinander im Wettbewerb, sondern werden auch versuchen, Menschen, die derzeit noch in ganz anderen Bereichen arbeiten, zu Fahrer:innen umzuschulen. Gleichzeitig gibt es heute smarte Heizungen und smarte Sattelschlepper – die produzierenden Unternehmen konkurrieren mit einem Softwareentwicklungsunternehmen um genau

dieselben Developer. Die Folge: Unternehmen müssen nicht nur neue Talente einstellen, sie müssen auch die eigenen Talente an sich binden, damit diese nicht abgeworben werden.

3. Der Wettbewerb um neue Talente wird mittlerweile fast ausschließlich online ausgetragen. Das bessere Angebot gewinnt nur, wenn es auch über Google auffindbar ist. Starke Arbeitgebermarken haben Vorteile, doch die verpuffen schnell, wenn die Online-Bewerbung kompliziert und zeitaufwändig ist. Denn digitales Recruiting gleicht immer mehr dem E-Commerce: Auch hier konkurrieren Angebote um die Aufmerksamkeit potenzieller Kund:innen. Das Recruiting kann entsprechend viel vom E-Commerce lernen – besonders von Direct-to-Consumer-Marken. Die wissen genau, wie sie Menschen direkt online von ihren Angeboten überzeugen: Gute Online-Werbung, attraktive Angebote, kurze Klickpfade und permanente datengetriebene Optimierung. Das lässt sich direkt aufs Recruiting übertragen: Dann sprechen wir von einer Direct-to-Talent-Strategie – und genau darauf haben wir unser Produkt, den JobShop, optimiert.

4. Das Recruiting neuer Talente und ihr anschließendes Onboarding dauert in der Praxis deutlich länger als vermutet. Schlüsselposition werden häufig nicht als solche erkannt, weshalb zu spät mit dem Recruiting begonnen wird und nicht schnell genug nachbesetzt werden kann. Aufgrund dann fehlender Übergaben geht wertvolles Wissen verloren und wandert mit ab – dass das tatsächlich das größte und teuerste Risiko des Unternehmens ist, wissen die wenigsten.

5. Die Anforderungen der Arbeitnehmer:innen haben sich deutlich verändert:

- Eine langjährige Zugehörigkeit zu einem Unternehmen von mehr als zehn Jahren ist heute nicht mehr gefragt und wird bei späteren Bewerbungen sogar eher negativ wahrgenommen. Die meisten Mitarbeiter:innen bleiben drei bis fünf Jahre in einem Unternehmen und sind insgesamt wechselwilliger.

- Talente wollen genau erfahren, was sie im späteren Job-Alltag erwarten wird, bevor sie sich bewerben. Dazu braucht es eine realistische Beschreibung, wie der Arbeitsalltag konkret aussieht und wie es sich für bestehende Mitarbeitende anfühlt, im Unternehmen zu arbeiten. Personal- und Fachabteilungen sind es aber nicht gewohnt und haben in der Regel keine Qualifikation, Jobs in Stellenbeschreibungen attraktiv zu beschreiben.

- Der Wert von Flexibilität, Fairness oder Vertrauen am Arbeitsplatz ist gestiegen, die Vergütung in Form von Geld, Titel oder Hierarchien erleben eine Abwertung. Wenn zum Beispiel Unternehmen A 10 bis 15 Prozent mehr Gehalt bietet, aber Unternehmen B besser zu den eigenen Wertvorstellungen passt, entscheiden sich Bewerber:innen immer häufiger für Unternehmen B. Damit haben »Hidden Player« gute Chancen im Kampf um die besten Talente und etablierte Unternehmen gleichzeitig einen stärkeren Wettbewerb.

- Das Suchverhalten hat sich verändert: Talente googeln heute nach einem Jobtitel und landen auf einzelnen Stellenausschreibungen. Am Employer Branding, was sich klassischerweise separat im Karrierebereich der Unternehmen wiederfindet, wird sozusagen vorbeigescrollt. Jobs werden so austauschbar und es bewerben sich Talente, die zwar die nötigen Fähigkeiten mitbringen, jedoch nicht das passende Mindset.

- In vielen Berufen ist der Anspruch an Homeoffice und flexiblere Remote-Tätigkeiten gestiegen. Menschen haben erlebt, dass es funktionieren kann, und erwarten in der Folge auch von ihren Arbeitgebern, darauf zu reagieren. Andernfalls wandern sie ab.

Tipps für das richtige Recruiting: so viel Transparenz und so wenige Hürden wie möglich

Natürlich stehen auch wir bei talentsconnect vor einigen der genannten Herausforderungen. Ich bekomme sie nun hautnah mit, da ich als CEO seit September 2021 auch selbst operativ in unserem Recruiting im Einsatz bin. Genau weil ich das Recruiting zu den wichtigsten und dringendsten Aufgaben der nächsten Jahre zähle. Wie das bei uns läuft?

Unser Motto lautet beim gesamten Bewerbungsverfahren von Beginn an: So viel Transparenz wie nur möglich – und so wenige

Hürden wie möglich. Bewerber:innen nehmen sich laut unserer erfassten Daten für die initiale Bewerbung im Schnitt drei Minuten Zeit. Dabei haben sie sich Unternehmen, unsere Marke und die konkrete Stelle online und in mehr als 60 Prozent der Fälle mobil angesehen und auf den Bewerben-Button geklickt. Neben Smartphone-optimierten Webseiten ist es also essenziell wichtig, alle unnötigen Hürden und komplizierten Klickpfade auf dieser Candidate-Journey zu vermeiden. Für Talente muss es maximal einfach sein, sich zu bewerben. Wer mit drei Klicks neue Schuhe bestellen kann, möchte sich genauso unkompliziert bewerben können.

Nachdem die Bewerbung bei uns eingegangen ist, senden wir den Talenten ein maximal detailliertes Jobprofil mit tiefgreifenden Erfahrungsberichten echter Kolleg:innen, Infos zu Benefits, alle Details zu einer realistischen Gehaltsvorstellung und einen Link zur Buchung eines Interviewtermins zu.

Wenn der oder die Bewerber:in sich dann immer noch oder umso mehr vorstellen kann, mit uns zu arbeiten, gehen wir ins beiderseitige zeitliche Investment und führen persönliche Gespräche. Das heißt aber noch lange nicht, dass es danach schnell zu einem Match kommt. Wenn man feststellt, dass es noch nicht passt, machen wir die Tür nicht zu, sondern nehmen die Person in unseren Talent-Pool auf. Bei Bedarf können wir dann mit den Talenten in Kontakt gehen und später eine andere passende Stelle anbieten.

Gewissermaßen eine Vorstufe zum Scouting ist, dass jeder Job bei talentsconnect dauerhaft ausgeschrieben und beschrieben auf der Website zu finden sein wird – auch die Stelle als CEO. Das ist nicht nur aus SEO-Gesichtspunkten und für Google for Jobs vorteilhaft, weil wir so dauerhaft Traffic auf unserer Seite generieren, sondern auch für unsere Kultur. Denn Transparenz schafft Vertrauen. Man könnte meinen, dass einige der Mitarbeiter:innen es als Bedrohung sehen oder nicht gutheißen könnten, dass ihr Jobprofil dauerhaft öffentlich ist. Wir stellen damit aber niemanden infrage oder wollen jemanden verdrängen. Es geht darum, dass Talente Zugang zu einem Job haben, ihn sich merken oder sich bewerben und wir so bereits eine Beziehung aufbauen können.

Ich persönlich finde immer auch eine Arbeitsprobe wertvoll – für beide Seiten. Es soll keinesfalls eine Art »einseitige Bewährungsprobe« des Talents sein, sondern ein erweitertes und gleichberechtigtes Kennenlernen ermöglichen. Gerade in einem Hybrid-Setting, wie es immer häufiger vorkommt, ist das unkompliziert möglich. Beide Seiten brauchen eine gewisse Sicherheit, dass es funktionieren kann. Ich möchte das nicht dem Zufall oder zwei Interviews überlassen. Eine Arbeitsprobe in einem realistischen und authentischen Szenario ist super wichtig, um einschätzen zu können, wie jemand tickt und zum Beispiel mit Konflikten oder Stresssituationen umgeht.

Der Weg zum Erfolg

Wir sehen, dass der Fachkräftemangel einen Höchststand erreicht hat, sich die Situation aber wegen der genannten Faktoren leider noch weiter zuspitzen wird. Gleichzeitig ist das Recruiting in vielen Unternehmen in der Evolution stehen geblieben. Herausforderungen werden ignoriert und so lange aufgeschoben, bis Worst-Case-Szenarien eintreten. Gründe und Ausreden dafür gibt es viele – aber klar ist: Wer jetzt nicht aktiv wird, wird immer spürbarer das Nachsehen im Kampf um die besten Talente haben. Der Weg zum Recruiting-Erfolg ist kein Schnellschuss, aber wer sich dabei klug zunutze macht, was die Digitalisierung uns bietet, wird langfristig gewinnen.

Unser Recruiting-Experte Martin Seiler

Für Martin Seiler, seit Januar 2018 Vorstand Personal und Recht der Deutschen Bahn AG, ist ein Arbeitgeber dann attraktiv, wenn er ein entsprechendes sinnhaftes Umfeld schafft. Und: für Vielfalt steht. Seiler weiß also, wovon er spricht, wenn es um das Thema Recruiting geht. Hat er in den kommenden Jahren doch eine Mammutaufgabe zu bewältigen: Jahr für Jahr muss das Unternehmen etwa 20 000 Menschen einstellen – die meisten kommen für altersbedingt ausscheidende Kolleg:innen.

Erfolgsgarant Vielfalt

Von Martin Seiler

Bei der Deutschen Bahn AG (DB) arbeiten wir – das sind konzernweit über 330 000 Mitarbeitende aus vier Generationen und mit über 100 verschiedenen Nationalitäten – gemeinsam mit aller Kraft daran, das umfangreichste Ausbauprogramm unserer Unternehmensgeschichte umzusetzen. Was uns dabei alle vereint, ist das große Ziel, einen maßgeblichen Beitrag zur Verkehrswende zu leisten und damit aktiv die Mobilität der Zukunft mitzugestalten.

Um künftig noch mehr Verkehr auf die klimafreundliche Schiene verlagern zu können, investieren wir im Rahmen unserer Dachstrategie »Starke Schiene« nicht nur massiv in unsere Infrastruktur und neue Fahrzeuge, sondern auch ganz erheblich im Bereich Personal. Denn wir wissen: Die Mobilitätswende ist eine Generationenaufgabe, die nur mit dem Einsatz engagierter Menschen gelingen wird. Im Jahr 2018 ist unsere Einstellungsoffensive gestartet. Auch in diesem Jahr heißen wir rund 20 000 neue Kolleg:innen bei uns willkommen und werden mit rund 5 000 neuen Nachwuchskräften so viele junge Talente wie nie zuvor in nur einem Jahr einstellen.

Als Unternehmen, das im Zuge dieser Einstellungsoffensive jedes Jahr eine so große Anzahl neuer Mitarbeitender rekrutieren möchte und dabei Hunderttausende Bewerbungen erhält und auswerten muss, hat die Personalgewinnung als strategisches Thema für die DB einen hohen Stellenwert und ist direkt bei mir angegliedert. Alle Elemente der Personalgewinnung – von den Grundsätzen und Standards über das Personalmarketing bis hin zum operativen Recruiting – werden bei uns zentral aus einer Hand gesteuert. Dieser ganzheitliche Ansatz bildet die Grundlage für unsere starke Wettbewerbsposition in einem durch Fachkräftemangel und demografischen Wandel geprägten Bewerbermarkt.

Bei der DB wissen wir: Um als Unternehmen erfolgreich zu sein, ist es wichtig, nicht nur auf Veränderungen zu reagieren, sondern diese auch aktiv mitzugestalten. Im Recruiting heißt das für uns, unsere Maßnahmen regelmäßig zu hinterfragen und zu analysieren, dabei flexibel und innovativ zu sein und uns konsequent an den Bedürfnissen unserer Bewerbenden zu orientieren. Unsere Personalgewinnung mit ihren 800 Mitarbeitenden erfindet sich regelmäßig neu und setzt auf eine Kombination aus innovativen Rekrutierungsmethoden, einem starken Employer Branding sowie Kampagnen, die gezielt attraktive Bewerbende ansprechen. In den letzten Jahren haben wir gemeinsam ein Innovationsumfeld geschaffen, an dem wir weiter festhalten wollen. Denn nur durch eine hohe Arbeitgeberattraktivität kann es uns gelingen, als Unternehmen langfristig erfolgreich zu sein.

Aktuelle Bestplatzierungen in Arbeitgeberrankings sind für uns Indikatoren, dass wir in einem angespannten Arbeitsmarktumfeld als attraktive Arbeitgeberin wahrgenommen werden. Es freut mich sehr, dass wir mit den attraktiven beruflichen Perspektiven bei der DB Mitarbeitende und Bewerbende überzeugen können. Sie bleiben bei oder kommen zu uns wegen der sinnstiftenden Tätigkeit, wegen der zeitgemäßen Beschäftigungsbedingungen und wegen einer Unternehmenskultur, in der Partizipation und Wertschätzung großgeschrieben werden.

Mit zeitgemäßen Beschäftigungsbedingungen, individueller Karriereförderung sowie unseren über 500 Berufsbildern im Konzern schaffen wir einen Rahmen, in dem sich Vielfalt entfalten kann. Um den verschiedenen Bedürfnissen und Lebensumständen unserer Mitarbeitenden wie auch potenziellen Bewerbenden gerecht zu werden, bieten wir diesen flexible Arbeitsmodelle wie Jobsharing, der Möglichkeit, zwischen mehr Urlaub, geringerer Arbeitszeit oder mehr Entgelt zu wählen sowie die Option, in Teil- oder Gleitzeit zu arbeiten. Zudem schreiben wir grundsätzlich alle neuen Stellen, sofern betrieblich möglich, in Teilzeit aus, eine Vollzeitausschreibung ist optional. Bereits jetzt können wir sehen, dass diese Maßnahmen Barrieren abbauen und zudem Bewerbenden die Möglichkeit eröffnen, die individuelle Karriereplanung aktiv zu gestalten, ohne sich beispielsweise zwischen Beruf und Familie entscheiden zu müssen. Wir nehmen zudem wahr, dass diese Maßnahmen einen positiven Einfluss auf die Zufriedenheit unserer Mitarbeitenden hat und unsere Arbeitgeberattraktivität weiter steigert.

> Für uns als DB und mich ganz persönlich ist Vielfalt ein zentrales Element unseres langfristigen Erfolges. Ein Umfeld zu schaffen, in dem Chancengerechtigkeit und -gleichheit aktiv gefördert wird, ist dabei essenziell. Ich wünsche mir, dass wir als DB mit unserem Bekenntnis zur Vielfalt ein positives Zeichen setzen, welches auch andere davon überzeugt, dass Vielfalt nichts ist, wovor man Angst haben muss, sondern uns als Unternehmen und als Gesellschaft stärker macht.

Recruiting in Zahlen

86 000 IT-Experten fehlen auf dem deutschen Arbeitsmarkt, stellt Bitkom 2021 fest. Tendenz steigend, konstatiert der Verband.

60 % der von Bitkom befragten Entscheider erwarten, dass sich dieser Fachkräftemangel im IT-Bereich verschlimmern wird.

86 % der Arbeitgeber haben Schwierigkeiten, geeignete Bewerber mit entsprechenden Qualifikationen für offene Positionen zu finden. Das ergibt eine Untersuchung der Online-Recruiting-Plattform Monster aus dem Jahr 2021.

Das sind die Top-3-Herausforderungen, sagt die Studie von Monster 2021:

39 % der Personalbeauftragten halten es für schwierig, die richtigen Kandidaten zu finden.

26 % sehen es problematisch, die Erwartungen an die Work-Life-Balance zu erfüllen.

26 % glauben, der immer weiter um sich greifende virtuelle Recruiting-Prozess mache eine adäquate Besetzung komplizierter.

Wie sich die Talente von heute die Arbeitgeber von morgen vorstellen:

Zenjob-Gen-Z-Studie 2021 – die Top-3-Ansprüche an den Job:

1. Ehrlichkeit und offene Kommunikation
2. Ein gutes Gehalt
3. Offenheit für neue Ideen und Konzepte

Gen Z pocht auf Autonomie:

83 % der Gen Z und **84 %** der Millennials wollen sich ihre Zeit selbst einteilen, um nach dem eigenen Rhythmus arbeiten zu können.

Die Gen Z schaut auf die inneren Werte:

Die heute unter 25-Jährigen wünschen sich Ehrlichkeit, Offenheit für Kommunikation, Ideen und Konzepte und schätzen es, wenn Unternehmen in ihre individuelle und professionelle Weiterentwicklung investieren.

Karriere ist nicht alles – Work-Life-Balance ist wichtig.

69 % wünschen sich Vereinbarkeit des Jobs mit dem Privatleben.

54,7 % geben an, dass die persönliche Identifikation von zentraler Bedeutung ist.

52,5 % nennen vielfältige Aufgaben als wichtigen Faktor.

diversity

Miriams Geschichte

Du bist zu jung, zu alt, zu anders. Du bist ... Mensch.
Diversity ist mehr als nur ein Wort.

Die Frauenquote ist ein Instrument –
Diversität ist eine Haltung.

Wie man gute Köpfe gewinnt, haben wir gerade angesprochen – aber man muss sie natürlich auch halten können. Ein wesentlicher Aspekt dabei – und auch schon mehrfach angesprochen – ist der kulturelle. Und spricht man von Kultur, also dem Geist, der Atmosphäre im Unternehmen, ist man schnell beim Thema Vielfalt. Und ebenso schnell bei den Frauen – bei anderen »Minderheiten« sind wir bis heute noch relativ sprach- und hilflos. Immerhin: Hier bewegt sich etwas. Die Quote für den Aufsichtsrat und die Quote für den Vorstand sind inzwischen gesetzlich verankert, das Thema Diversität auf eigentlich jeder politischen und jeder Unternehmensagenda. Heute weiß man: Diverse Teams machen Unternehmen erfolgreicher und innovativer. Natürlich muss Vielfalt auch gelebt werden. Soll heißen: Ohne entsprechende inklusive Maßnahmen und Regeln wird es nicht gehen. Auch wenn ich diesen Anspruch an die Vielfalt lebe und unterstütze: Bei der Besetzung von Positionen lasse ich mich eigentlich immer davon leiten, wer die besten Voraussetzungen für den Job mitbringt. Zufällig waren das bei Ratepay oftmals Frauen – noch heute kann sich das Unternehmen über mehr als 40 Prozent Frauen auf der Führungsebene freuen. Auch Vielfalt ist weder bei Ratepay noch Banxware ein Thema, das wir diskutieren müssen: Wir leben sie. Das ist sicherlich auch meinem Background geschuldet: Für mich zählte immer die Begeisterung für einen Job, das Wissen und das Können.

Während die im September 2021 gewählte neue Volksvertretung deutlich diverser ist als jede andere vor ihr, sieht die Realität in deutschen Unternehmen weiterhin eher düster aus: Bestenfalls mit einem, wenn auch kleinen, Frauenanteil, oftmals quotendiktiert, können Konzerne hierzulande punkten. Frauen in Führung, sprich: im Vorstand, sind mit einem Anteil von 38,4 Prozent in den 73 die Quote betreffenden Unternehmen vertreten (nach einer FidAR-Erhebung aus dem Jahr 2021). Lediglich bei der Besetzung ihrer Aufsichtsräte lassen sich diese Unternehmen nicht lumpen und ziehen Jahr für Jahr weibliche Managerinnen in das oberste Kontrollgremium. Der Mittelstand punktet in Sachen Frauen dagegen schon eher, und das übrigens ganz ohne Quote: Immerhin 638 000 Frauen stehen an der Spitze eines Unternehmens. Das entspricht einem Anteil von 16,8 Prozent, stellt die Kreditanstalt für Wiederaufbau im März 2021 fest. Auch wenn das Ergebnis optimistisch stimmt, Frauen sind auch im Mittelstand unterrepräsentiert, konstatiert die KfW. Unterm Strich muss man also festhalten: echte Diversität gleich Fehlanzeige.

Woran liegt es also, dass wir uns mit dem Thema Vielfalt so schwertun? In diesem Zusammenhang fällt mir immer eine wundervolle Geschichte ein: Die Ex-Kanzlerin wurde einst von einem Kind gefragt: Kann ein Mann auch Kanzler werden? Diese Frage ist für mich ein zwar umgedrehtes, aber exzellentes Beispiel für die Verfestigung von Stereotypen und Klischees: Dem Kind, das nur unser weibliches Staatsoberhaupt kannte, war die Vorstellung eines Mannes in dieser Rolle fremd, es fühlte sich falsch an. Nun ist das sicher kein klassisches Vorurteil, sondern eher eine situationskomische Anekdote – aber sie führt vor Augen, dass Rollenmuster Vorurteile erzeugen. Schon von klein auf lernen wir: Mädchen sind schlecht im Rechnen und können nicht Fußball spielen; Jungs dagegen können Technik, Fußball und Mathe. Besonders in jungen Jahren sind wir empfänglich für das Erlernen von Einseitigkeiten dieser Art. Seit den 1950er Jahren beschäftigt sich die empirische Forschung mit der Frage, wann und wie Vorurteile bereits im Kindesalter entstehen und gefestigt werden. Zahlreiche Studien später weiß man: Vor Vorurteilen sind wir alle nicht sicher, wir alle entwickeln sie bereits im Kindesalter. Die gute Nachricht ist: Je älter wir werden, desto bewusster werden sie uns. Wir können sie umgehen und ein Umfeld schaffen, in dem sie nicht länger virulent sind.

Und doch sind wir von echter und gelebter Vielfalt immer noch sehr weit entfernt. Ob Frauen, Menschen mit Behinderung, Migranten oder Andersgläubige – Diskriminierung steht leider immer noch auf der gesellschaftlichen Agenda. Immerhin, und das lässt mich hoffen: Das Bewusstsein für die Ungleichbehandlung wächst seit Jahren, schlägt sich in Gesetzen wie dem FüPoG II, dem zweiten Führungspositionengesetz, nieder oder in aktuellen Initiativen, die junge und alte Menschen ebenso im Fokus haben wie lesbische, schwule oder transsexuelle Personen. Da es ja offenbar ohne Verordnung nicht geht, hat die Bundesregierung im August 2021 das II. FüPoG verabschiedet und darin das Mindestbeteiligungsgebot von Frauen geregelt. Danach gilt für Vorstände von börsennotierten und paritätisch mitbestimmten Unternehmen mit mehr als drei Mitgliedern, dass eine dieser Positionen weiblich zu besetzen ist. Davon betroffen: 66 Unternehmen – 21 von ihnen haben bis heute keine Frau im Vorstand.

Ich habe lange gedacht, Quoten sind falsch. Drängen sie uns Frauen doch in eine Rolle der Benachteiligung, der Unterlegenheit, die ich für mich so nie empfunden habe. Ich war immer überzeugt, das Geschlechterverhältnis regelt sich im Laufe der Zeit von allein: Immer mehr Frauen sind in technischen Berufen zu finden, immer mehr Frauen gründen, immer mehr Frauen sind öffentlich eindrucksvoll präsent. Im Laufe der Jahre habe ich allerdings feststellen müssen, dass es ohne gesetzlichen Rahmen offenbar doch nicht geht. Viel zu viele Unternehmen verzichten nach wie vor auf die weibliche Power an der Spitze – da kann die Quote jetzt tatsächlich hilfreich sein. Aber – ich sage auch und mit Nachdruck – die Quote ist lediglich ein Instrument, ein Vehikel, das zu mehr Diversität führen wird. Was wir langfristig brauchen, ist eine Veränderung des gesellschaftlichen Mindsets: Diversität ist eine Haltung. Das zeigen auch die genannten Initiativen, die sich genau dafür stark machen. So gründete die promovierte Wirtschaftsingenieurin und Unternehmerin Irène Kilubi 2021 die Generationen-Initiative »Joint Generations«. Das Ziel: die generationenübergreifende Gestaltung der Zukunft. Denn, so ihr Credo, die Zukunft ist jung *und* alt. Ich finde es spannend, dass es immer mehr Projekte oder Initiativen gibt, die auf Vielfalt setzen und damit das Thema auf die öffentliche Agenda bringen.

Nina sagt: Bei eBay und vielen anderen amerikanischen Tech-Unternehmen war und ist das Thema Vielfalt übrigens keins: Vielfalt wurde schon immer gelebt. Es war normal, dass wir eine weibliche CEO und einen homosexuellen Chef hatten, und es war ebenso normal, dass man mich nach meiner Elternzeit beförderte, mit der Option auf Teilzeit. eBay setzte auf Talente – entscheidend waren Einsatz und Engagement, nichts anderes. Diversität war Teil unserer Unternehmens-DNA – ebenso wie die Nachhaltigkeit übrigens. Und: Sie waren Teil unserer Unternehmenskultur, als Werte, nach denen wir lebten, manifestiert. Schon in den frühen 2000er Jahren wurden Führungskräfte und Mitarbeiter:innen auf unbewusste Voreingenommenheit trainiert und im Recruiting bestimmte Kriterien für das Erreichen größtmöglicher Diversität eingeführt. Auch bei Ratepay haben wir einen solchen kulturellen Rahmen, in dem Vielfalt und nachhaltiges Handeln zentrale Rollen spielen.

Vielfalt ist Stärke, das belegen nicht nur Studien

Auch Studien zeigen: In der Vielfalt liegt die Stärke. So belegte bereits 2018 die Unternehmensberatung PwC in einer Studie, dass Diversität, gelebt in einer inklusiven Unternehmenskultur, entscheidend für den Unternehmenserfolg ist. Auch im internationalen Wettbewerb sind diverse Unternehmen deutlich besser aufgestellt als Konkurrenten, die weniger vielfältig unterwegs sind. Eine diverse Kultur begünstigt das Innovationsklima und die Zufriedenheit der Mitarbeitenden. Dieser Aspekt wird in den nächsten Jahren nochmals an Relevanz gewinnen, wenn die junge Generation auf den Arbeitsmarkt drängt, die ein ganz anderes inklusives Bewusstsein mitbringen als zum Beispiel noch die Millennials. Diversität wird daher ein entscheidendes Gütesiegel für Arbeitgeber sein – und ihr Schlüssel zum wirtschaftlichen Erfolg. Vielfalt ist die Devise der Stunde. Darüber muss man nicht mehr diskutieren. Aber: Warum tun wir uns trotzdem so schwer damit? Warum gibt es in Deutschland immer noch so viele Unternehmen, die auf Frauen in der Führung verzichten? Warum werden Menschen aufgrund ihrer sexuellen Orientierung weiterhin benachteiligt?

Lassen Sie mich dazu eine kleine Geschichte erzählen. Ich war Zuschauerin bei einem öffentlichen Investoren-Pitch, bei dem sich verschiedene Start-ups mit ihren Ideen präsentieren sollten. Dabei waren auch drei Frauen, die ihre wirklich hervorragende Idee einer smarten Datenlösung pitchten. Leider fehlte den dreien die Gabe, ihre Idee begeisternd und selbstbewusst zu präsentieren. Sie wurden förmlich »gefressen«. Ich behaupte: Hätten drei Männer gepitcht, ebenso schlecht und unsicher, wäre das Thema auf der Sachebene zu ihren Gunsten ausgefallen. Diese Situation zeigt für mich deutlich, dass wir gesellschaftlich noch weit davon entfernt sind, Geschlecht, Hautfarbe oder sexuelle Orientierung außen vor zu lassen und sachlich zu entscheiden. Wir sind ja alle mit Stereotypen bzw. impliziten Vorurteilen groß geworden – die uns und damit natürlich auch die Gesellschaft geprägt haben. Ich hoffe, dass die nächsten Generationen Bewegung in das Thema bringen werden.

Aber selbst wenn die Zeit es zumindest ein wenig richten wird: Mir und vielen anderen Manager:innen ist das zu wenig. Ich möchte heute schon an den Stellschrauben für mehr Diversität drehen. Bei Ratepay haben wir zum Beispiel regelmäßige »unconscious Bias Trainings«, also Weiterbildungen im Bereich unbewusster Voreingenommenheit, für Recruiter eingeführt. Die Methode kommt aus den USA und sorgt dafür, dass man sich impliziter Vorurteile bewusst wird. Das Schulungsprogramm liefert die entsprechenden Werkzeuge zur Anpassung dieser automatischen Denkmuster und sorgt so schließlich, wenn alles optimal läuft, für eine Verhaltensänderung. Keine neue Idee: Schon 1998 entwickelten drei Wissenschaftler der Universitäten Harvard, Virginia und Washington den Implicit Association Test (IAT), der eigene Vorurteile und Überzeugungen offenbaren sollte. Auch wenn der IAT nicht ganz unumstritten ist, hat er es doch auf die öffentliche Agenda geschafft, der Debatte über Ungleichheit neue Impulse gegeben und zumindest für ein wenig Chancengerechtigkeit gesorgt.

Denkanstoß

»Unconscious Bias Trainings« können eine Organisation für mehr Diversität schulen und verändern. Wie viele Antidiskriminierungsmethoden stammt auch diese aus dem angelsächsischen Raum. Die dort entwickelten und üblichen Methoden und Werkzeuge für eine diverse Gesellschaft, eine diverse Organisation können sich sehen lassen. So gibt es zum Beispiel in Großbritannien Unternehmen, die sich darauf spezialisiert haben, Organisationen auf ihren Diversitätsgrad zu screenen. Mithilfe anonymer Fokusgruppen ermitteln die Berater, an welchen Stellen das Unternehmen diskriminierend unterwegs ist und welche Gruppen davon besonders betroffen sind. Diese Außensicht auf den Stand der Dinge offenbart, da wesentlich unvoreingenommener, viele Schwachstellen, die ein inneres Audit nicht gezeigt hätte. In Deutschland steht man bei diesem Thema noch ganz am Anfang: Nicht viele Organisationen wollen sich in die Karten schauen lassen, nicht viele wollen wirklich wissen, wie divers sie unterwegs sind.

Nina sagt: »Wir sind doch hier nicht in Afrika.« Wie unbewusst Vorurteile unser Verhalten, unsere Sprache und unser Denken beeinflussen, habe ich selbst einmal erlebt. Und das, obwohl ich fest davon überzeugt war, besonders diskriminierungsfrei groß geworden zu sein. Ich war gerade 22 und frisch gebackene unbezahlte Praktikantin in der Lobbyismus-Abteilung bei einer der Big-Four-Wirtschaftsprüfungsgesellschaften in Washington, D.C. Jeden Morgen stellte ich mein Frühstück in den Abteilungskühlschrank – doch immer, wenn ich es verzehren wollte, war es verschwunden. Ich war wütend und hängte in dieser emotionalen Stimmung einen Zettel an den Kühlschrank, mit dem ich den Umstand des Verlustes mit den Worten untermauerte: »Wir leiden hier doch nicht an Hunger wie in Afrika.« Natürlich zeichnete ich mit vollem Namen und meiner Durchwahl. Der Sturm der Entrüstung ließ zu Recht nicht lange auf sich warten. Ich wurde kurzfristig zu einem der Partner zitiert, der mir den Ernst der Lage eindrücklich vermittelte. Meine Worte hätten die afroamerikanischen Kolleg:innen beleidigt und diskriminiert. Wäre ich Amerikanerin, hätte ich mir jetzt meine Papiere holen können. Noch heute denke ich beschämt an diese kleine, aber entlarvende Situation zurück. Auf der anderen Seite ist es für mich bis heute allerdings immer wieder erstaunlich, wie groß die Diskrepanz zwischen gelebter Diversität in amerikanischen Unternehmen und dem immer wieder aufflackernden Rassismus in der amerikanischen Gesellschaft ist.

Spätestens eBay hat mich für einen multikulturellen Ansatz sozialisiert. Wir waren bunt und mussten das nicht erst lernen. Wie eBay halten es viele amerikanische Unternehmen: Google, Facebook, Microsoft und viele andere müssen sich der Diversität nicht erst ausdrücklich verpflichten – ganz einfach, weil sie gelebte Unternehmensrealität ist.

Nicht von ungefähr setzen auch Google & Co. auf Instrumente und Methoden, die den multikulturellen Ansatz trainieren und unterstreichen helfen. Die das Bewusstsein einer Organisation verändern und immer wieder neu hinterfragen. Auch bei Ratepay haben wir Kurse und Trainings, die auf das Thema Vielfalt einzahlen. Das fängt mit unserem Verhaltenskodex an, den jeder Mitarbeitende beim Onboarding hören und unterzeichnen muss, und hört bei Trainings für geschlechterneutrale Sprache auf. Sprache schafft Bewusstsein. Und sorgt für Veränderung oder zumindest für eine Sensibilisierung bei bestimmten Themen. Diversity gehört bei Ratepay auch zu unserer Nachhaltigkeitsstrategie, die wir Ende 2021 mit messbaren Zielen untermauert und als Teil unserer Zielvereinbarungen festgeschrieben haben. All diese Instrumente sind wichtig, um unter dem Strich ein besseres Bewusstsein für unterschiedliche Mitarbeiter:innen zu schaffen.

Bewährt? Weiß, männlich, cis

Wie gesagt: Auch die Frauenquote hilft – da, wo Unternehmen aus welchen Gründen auch immer nicht in der Lage sind, Führung weiblicher zu gestalten. Wir brauchen sie so lange, wie die paritätisch besetzte Führungsspitze noch keine gelebte Praxis ist. Und das ist sie noch lange nicht: In ihrer alljährlichen Studie zu Diversität und Inklusion stellt die Unternehmensberatung EY Anfang 2021 fest: 60 Prozent der DAX-, M-DAX- oder S-DAX-notierten Unternehmen haben keine einzige Frau im Vorstand. Nicht selten ist die Vergabe eines Vorstandspostens an eine Frau PR-Theater, für das in Krisenzeiten sehr schnell der Vorhang fällt. So geschehen bei einem deutschen Tech-Unternehmen, das 2019 eine Amerikanerin an die Spitze holte. Die Besetzung löste quer über alle Medien Begeisterung aus. Sieben Monate später war der Spuk schon wieder vorbei, die Dame musste mitten in der Coronakrise gehen. Die Erklärung des Konzerns hinterlässt einen mehr als bitteren Nachgeschmack: In einer solchen Krise gelte es, eine starke, eindeutige Führungsverantwortung sicherzustellen. Das Unternehmen brauche in der jetzigen Situation schnelles und entschlossenes Handeln und eine klare Führungsstruktur. Den Job bekam ein Mann, natürlich. Inoffiziell liest sich das so: Die Bewältigung der Krise traute man der Amerikanerin, traute man einer Frau nicht zu. Beerbt wurde sie – natürlich – von einem Mann. Deutlich jünger, mit deutlich weniger Erfahrung als die Managerin.

Natürlich kann man ohne Kenntnis dessen, was tatsächlich die Beweggründe für dieses kurze weibliche Gastspiel an der Spitze gewesen sein mögen, diese Geschichte nicht wirklich bewerten. Aber: Man kann darauf hinweisen, wie es wirkt. Nämlich fatal. Hier suggeriert ein Weltkonzern, dass das, was in guten Zeiten als modern und gendergerecht gilt, in der Krise durch traditionelle Führungsstrukturen, die eigentlich längst überholt sein müssten, ersetzt wird. Wenn es eng wird, taugt die öffentlichkeitswirksame weibliche Besetzung von Vorständen offensichtlich nicht mehr. Dann geht es zurück zu den Wurzeln, man setzt auf Bewährtes, den Mann. Und das wirft ein erschreckendes Bild auf die Realität. Es ist der letztlich fehlende Wille, moderne Führung, also teamorientiertes, diverses Arbeiten, umzusetzen, wenn es schwierig wird.

Auch wenn dieses Beispiel eher die Regel als die Ausnahme zu sein scheint: Ich hatte und habe meine Vorbehalte beim Thema Frauenquote und der öffentlichen Dramatisierung weiblicher Benachteiligung. Ähnlich wie Nina bin ich – zumindest so mein Eindruck – nie an die berühmte gläserne Decke gestoßen. Ich konnte immer das machen, was ich wollte, konnte mich immer durchsetzen. Ich habe mich daher als Frau nie wirklich benachteiligt gesehen. Aber auch wenn ich diese Diskriminierung nicht selbst erlebt habe, ist mir durchaus bewusst, dass es sie gibt. Und dass sie ernst zu nehmen ist. Deshalb plädiere ich aus besagten Gründen auch klar für die Frauenquote – als Instrument oder Vehikel wohlgemerkt. Sie darf nur ein Schritt auf dem Weg zu mehr Diversität sein. Und: Sie gehört wieder abgeschafft, wenn wir Gleichberechtigung in Sachen Geschlecht, Religion oder sexueller Orientierung erreicht haben. Fragen Sie mich nicht, wann das sein wird. Ich fürchte, es wird noch lange dauern.

Bereits bei Ratepay, aber auch heute bei Banxware setzen wir auf Vielfalt. Herkunft, Alter, Hautfarbe, Religion und sexuelle Orientierung sind egal. Studien belegen: Die Mischung unterschiedlichster Talente mit unterschiedlichsten kulturellen Hintergründen macht ein Unternehmen erfolgreich. Und: fit für die Zukunft. Die ist in jedem Fall vielfältig – berücksichtigt also gleichberechtigt *alle* Menschen. Heißt: auch die Männer selbstverständlich.

Nina sagt: Miriam hat Recht: Wir sind noch längst nicht da, wo wir sein sollten. Wir brauchen das Gendern, die Quote, die LGBT-Initiativen in den Unternehmen – denn all das ist essenziell für eine nachhaltige Veränderung der Gesellschaft. Und: Es sind wichtige Mosaiksteinchen für das Bild einer inklusiven Gesellschaft, wo Hautfarbe, sexuelle Orientierung, Religionszugehörigkeit oder Geschlecht keine Rolle mehr spielen. Diese kleinen Mosaiksteinchen sorgen für Bewusstwerdung, sie bewegen etwas und sie verändern etwas. Für Ratepay haben wir die entsprechenden Grundsätze in unserem Code of Conduct festgeschrieben, wir fördern sprachliche und kulturelle Diversität, indem wir international einstellen, wir bieten neben Teilzeit noch andere flexible Arbeitszeitmodelle an, die es zum Beispiel auch frisch gebackenen Müttern erlaubt weiterzuarbeiten. Übrigens: Flexibel oder in Teilzeit arbeitende Mütter sind die besten Mitarbeiterinnen, die man bekommen kann. Sie arbeiten oft mit einer ganz eigenen Attitude – und ich weiß genau, wovon ich spreche, weil ich es selbst so gehalten habe –, gehen häufig diese eine Extrameile, schaffen in kürzester Zeit doppelt so viel wie andere. Warum? Mütter starten nach der Elternzeit mit einem gesellschaftlich vermittelten schlechten Gewissen: Sie lassen angeblich aus egoistischen Gründen ihre Kinder allein, können sich im Job aus ebendiesem Grund angeblich nicht richtig konzentrieren – und gehen damit beide Rollen angeblich nur mit halber Kraft an. Das Gegenteil ist in der Realität oftmals der Fall: Gerade die in Teilzeit arbeitenden Mütter und Väter arbeiten höchst effizient und geben immer ein bisschen mehr, als sie müssten. Warum ist das so? Eltern haben in der Regel einen harten Cut, weil zu Hause der »Zweitjob« auf sie wartet. Da ist man natürlich bestrebt, möglichst viel zu schaffen. Ich habe das bei mir selbst erlebt – und erlebe es jetzt bei meinen Mitarbeiter:innen: Hast du Familie und einen herausfordernden Job, musst du beides bestmöglich erledigen. Das heißt, du gibst dir mehr als Mühe. Die meisten Eltern, die ich kenne, geben alles für die eigentlich selbstverständliche Chance, dass sie trotz Kindersegens arbeiten dürfen.

Denkanstoß

Das Statistische Bundesamt stellt fest: »Im Jahr 2019 waren 63,4 Prozent aller Eltern mit Kindern unter sechs Jahren aktiv erwerbstätig. Dabei waren 93,1 Prozent der erwerbstätigen Väter vollzeitbeschäftigt, während nur 6,9 Prozent einer Teilzeittätigkeit nachgingen. Bei den Müttern war das Verhältnis umgekehrt und fiel insgesamt weniger drastisch aus: Von ihnen gingen 27,4 Prozent einer Vollzeit- und 72,6 Prozent einer Teilzeitbeschäftigung nach. Mit steigender Kinderzahl wächst auch der Anteil der Väter in Teilzeitjobs, wenn auch nur leicht. Während 6,7 Prozent der Väter mit einem Kind im Vorschulalter eine Stelle mit reduziertem Stundenumfang haben, arbeiteten 9,5 Prozent der Väter mit drei und mehr Kindern Teilzeit.«

Vielfalt ist Stärke, ist Trumpf, ist erstrebenswert. Viele Rahmenbedingungen dafür gibt es bereits, lediglich am Bewusstsein hapert es noch. Nicht zuletzt deshalb mache ich mich öffentlich immer wieder für dieses Thema stark. Mache Frauen und Nachwuchstalenten Mut, selbstbewusst – auch gegen Widerstände – ihren Weg zu gehen. Ob Mann auch Kanzler oder Frau auch Vorstand kann? Ja, können sie – übrigens ebenso wie der Schwule, die Lesbe, der Transsexuelle, der Jude, der Muslim, der Mensch mit Behinderung oder People of Color – oder eben doch wieder die Frau. Tatsache ist: Der Weg ist noch weit. Wirtschaft und Gesellschaft müssen sich bewegen, müssen umdenken und sehen, was sie gewinnen, wenn sie, wenn wir mehr Diversität wagen. Das sollten sich übrigens besonders Tech-Firmen auf die Fahnen schreiben, die hoch spezialisiertes Personal noch viel zu oft aus dem Pool weißer deutscher Männer rekrutieren und sich damit absehbar aufgrund mangelnder Innovationskraft ins Aus katapultieren.

Unsere Diversity-Expertin Victoria Wagner

Eine, die sich besonders gut in Sachen Vielfalt auskennt, ist Victoria Wagner, Gründerin und CEO der Diversitätsinitiative BeyondGender-Agenda. Sie gilt als erfahrene Entrepreneurin, versierte Strategieberaterin und passionierte Kommunikationsexpertin. Seit August 2021 bietet sie mit der Strategieberatung BeyondGenderAdvice umfassende Services zur erfolgreichen Verankerung von Vielfalt, Chancengerechtigkeit und Inklusion in Unternehmen.

Das deutsche Diversitätsdilemma

Von Victoria Wagner

Deutschland ist vielfältig, Deutschland ist bunt – doch die meisten Unternehmen in Deutschland wissen nicht, wie sie mit dieser Vielfalt umgehen, geschweige denn sie zu ihrem Vorteil nutzen können.

Nachzügler im internationalen Vergleich

Die deutsche Wirtschaft hat in puncto Diversität großen Nachholbedarf, das spiegelt sich auch im internationalen Vergleich wider. Blickt man auf die internationalen Diversitätsrankings, so zeigt sich, dass Deutschland seit Jahren die hinteren Plätze belegt und im Vergleich zum Norden Europas sowie den USA und Kanada ein »Entwicklungsland« in Sachen Diversität ist. Mit nur 10 Prozent Frauenanteil in den Vorständen belegt Deutschland nach einer Studie der Boston Consulting Group aus 2020 den 24. (!) Platz unter den 27 EU-Staaten.

Zu ähnlichen Ergebnissen kommt unser German Diversity Monitor 2021, die jährliche Diversitätsstudie der Initiative BeyondGenderAgenda: 60 Prozent der DAX 40-, M-DAX- und S-DAX-Unternehmen haben keine einzige Frau im Vorstand, und insgesamt gibt es nur eine weibliche CEO im DAX 40. Die Führungsetagen der deutschen Unternehmen bleiben also männlich homogen, und das trotz gesetzlicher Mindestanforderungen, wie dem kürzlich in Kraft getretenen Führungspositionsgesetz für mehr Teilhabe von Frauen an Führungspositionen (FüPoG II).

Während in Deutschland noch über eine Frauenquote diskutiert wird, haben andere Länder längst den wirtschaftlichen Mehrwert von Diversität erkannt und in die Förderung diverser Führungsteams investiert. So führte Norwegen bereits 2003 eine Frauenquote von 40 Prozent ein, es folgten Länder wie Spanien, Frankreich und Italien.

Diversität – Wirtschaftsfaktor statt Buzzword

Mit Blick auf die mediale Öffentlichkeit und das große Interesse an dem Thema Diversität liegt die Annahme nahe, dass Unternehmen ebenfalls den Nutzen von Vielfalt erkannt haben. Es werden Regenbogenflaggen geschwenkt, Firmenlogos bunt eingefärbt und Diversity Weeks öffentlichkeitswirksam veranstaltet. So erfreulich dieses intensivierte Diversitätsengagement auch ist, so sehr stellt sich jedoch die Frage, inwieweit Vielfalt als erfolgskritischer Wirtschaftsfaktor bereits in Unternehmen verankert ist. Unser German Diversity Monitor lieferte bereits im Jahr 2020 die Antwort: Diversität ist in deutschen Unternehmen mehr Lippenbekenntnis als Realität.

Deutsche Unternehmen im Diversitätsdilemma

Seit Sommer 2020 sind Diversität und Chancenungerechtigkeit zunehmend in den Fokus der breiten Öffentlichkeit gerückt. Neben dem demografischen Wandel, der Internationalisierung und dem Fachkräftemangel erhöht die öffentliche Diversitätsdebatte jetzt den Veränderungsdruck auf Unternehmen. Doch betrachtet man die Ergebnisse des diesjährigen German Diversity Monitor, wird schnell deutlich, dass in der deutschen Wirtschaft ein Diversitätsstillstand herrscht, die Unternehmen gar vor einem Diversitätsdilemma stehen. Sie müssen sich zwischen zwei gleichermaßen herausfordernden Alternativen entscheiden: Auf der einen Seite die tiefgreifende Diversitätstransformation, die einen kostenintensiven und langwierigen Kraftakt für die gesamte Organisation darstellt. Auf der anderen Seite das Ignorieren von Diversität als erfolgskritischem Wirtschaftsfaktor. Letzteres hätte jedoch zur Folge, dass Unternehmen sich im intensivierten Wettbewerb um Talente, Innovationen und die dringend erforderlichen Antworten auf die großen wirtschaftlichen Herausforderungen unserer Zeit nur schwer werden behaupten können.

Die notwendige Veränderung einleiten

Möchten Manager:innen Diversität in ihrem Unternehmen ernsthaft vorantreiben, ist die richtige hierarchische Verortung unerlässlich. Die Geschäftsführung beziehungsweise der Vorstand, bestenfalls die/der CEO, sollte persönlich die Verantwortung für die Diversitätstransformation übernehmen. Dabei muss Diversität im unternehmerischen Kontext genauso behandelt werden wie andere erfolgskritische Wirtschaftsfaktoren auch. Ambitionierte, messbare Ziele müssen gesetzt und die personellen wie finanziellen Ressourcen zur ihrer Erreichung zur Verfügung gestellt werden. Häufig fehlt es allerdings noch an einem angemessenen Diversitätsbudget und der entsprechenden organisatorischen Verankerung, um die notwendige Veränderung einzuleiten.

Darüber hinaus ist ein systematisches internes Datenmanagement erfolgskritisch: Unternehmen müssen relevante Daten erfassen, um umfassende Kenntnisse über die Zugehörigkeit ihrer Mitarbeitenden zu den einzelnen Diversitätsdimensionen zu erlangen. Dies bildet zum einen den Ist-Zustand der eigenen Diversität im Unternehmen ab und zeigt somit auf, wo Handlungsbedarf besteht. Zum anderen können nur auf Basis dieser konkreten Zahlen Zielquoten sowie entsprechende Maßnahmen für die einzelnen Dimensionen entwickelt werden. Ohne diese Transparenz werden im Rahmen des Diversitätsmanagements Maßnahmen auf Basis unvollständiger Informationen entwickelt, die oft an dem eigentlichen Bedarf des Unternehmens vorbeizielen.

Ebenso entscheidend ist es, ein inklusives Arbeitsumfeld zu schaffen, denn ohne Inklusion kann Diversität keine Wirksamkeit entfalten. Die Unternehmensführung muss daher Sorge dafür tragen, dass alle Mitarbeitenden gleichermaßen wertgeschätzt werden und ihre individuellen Stärken in einem diskriminierungsfreien Umfeld einbringen können. Die Basis sollte ein ganzheitliches Diversitätsverständnis bilden, da mit der Fokussierung auf nur einzelne Diversitätsdimensionen andere bereits vernachlässigt und so die Stärken wie auch Bedürfnisse dieser nicht in die Organisation integriert werden können.

Denkansätze für den erforderlichen nachhaltigen Wandel

- Ein ganzheitliches Diversitätsverständnis über Gender hinaus ist die Basis für gelungenes Diversitätsmanagement, andernfalls werden unbewusst einzelne Dimensionen diskriminiert.

- Für Veränderung braucht es Rolemodels in der Führung der Unternehmen, die Orientierung geben und die nötigen Rahmenbedingungen schaffen, um so die Weichen für die Zukunft zu stellen.

- Der deutsche Datenschutz ist keine akzeptable Entschuldigung dafür, Diversitätstransformation zu vernachlässigen. Stattdessen müssen im Dialog mit Interessenvertretungen der Diversitätsdimensionen gangbare Wege zum Ziel gefunden werden.

- Häufig unterliegen wir unbewussten Vorurteilen, die im Arbeitsalltag unser Handeln prägen. Anonymisierte Verfahren, zum Beispiel beim Recruiting, helfen dabei, unconscious Bias zu verhindern.

- Langfristig ist es wenig erfolgversprechend, darauf zu warten, dass politische Regulierungen zum Handeln zwingen. Stattdessen sollten Unternehmen sich selbst ambitionierte Ziele setzen, Verbindlichkeit schaffen und einen Wandel zu mehr Vielfalt und Chancengerechtigkeit aktiv einleiten.

Für mehr Chancengerechtigkeit in der deutschen Wirtschaft

Die Fakten sprechen eine klare Sprache: Unternehmen mit diversen Führungsteams sind profitabler, innovativer und langfristig erfolgreicher, siehe unter anderem Boston Consulting Group (2020) oder McKinsey & Company (2020). Um das Potenzial voll ausschöpfen zu können und nicht weiter an Wirtschaftskraft zu verlieren, muss Diversität daher zur Chef:innensache erklärt, entsprechend im Unternehmen verantwortet, mit Ressourcen ausgestattet und als strategisches Unternehmensziel festgelegt werden. Es wird Zeit, dass die Unternehmenslenker:innen die Chancen von Diversität in den Fokus ihrer Überlegungen stellen und eine umfassende Diversitätstransformation einleiten. Die Vorteile werden schnell überwiegen und bereits in frühen Phasen der Transformation von den Stakeholder:innen geschätzt werden. Denn nur durch stetigen Wandel kann Stück für Stück die Diskriminierung der einzelnen Diversitätsdimensionen angegangen werden, bis hin zu einer Zukunft, in der Stereotype der Vergangenheit angehören und staatliche Regulierungen obsolet sind. Unternehmen sollten Vielfalt als wirtschaftlichen Erfolgsfaktor anerkennen und zur Steigerung ihrer Innovationskraft und Performance nutzen.

Diversity in Zahlen

Das sagt der German Diversity Monitor 2021: »Diversität ist in deutschen Unternehmen mehr Lippenbekenntnis als Realität.«

26 % aller Unternehmen machen Diversität zur Chef:innensache.

70 % der Unternehmen stellen kein Diversitätsbudget zur Verfügung.

Für **88 %** der Unternehmen hat Diversität einen wirtschaftlichen Mehrwert – den Nachweis führen jedoch nur **26 %**.

In **60 %** der Vorstände sitzen **0 %** Frauen.

Obwohl **40 %** der Unternehmen die Relevanz von LGBT+ hoch bewerten, bieten weniger als **20 %** spezifische Maßnahmen zur Förderung an.

Diverse Unternehmen sind innovativer und erfolgreicher.

Die Boston Consulting Group zeigte 2020, wie erfolgreich Unternehmen mit diversen Teams sind. Demnach erwirtschaften diversere Unternehmen mehr Gewinn und sind innovativer:

45 % des Umsatzes werden bei Unternehmen mit diversen Teams durch Innovationen generiert.

26 % bei rein männlich besetzten Teams.

#leadership

Ninas Geschichte

Der Fisch stinkt immer vom Kopf – Leadership macht den Unterschied

> Heutige Führung? Bedeutet Haltung, orientiert sich am Menschen und stellt sich in den Dienst der Sache.

Wenn ich heute über Leadership spreche, habe ich immer diese eine Geschichte vor Augen, die mir einst eine meiner Chefinnen vorlebte: Sie, die toughe Führungskraft, telefonierte in schöner Regelmäßigkeit in der Kulisse unseres Großraumbüros, also vor versammelter Mannschaft, abends mit ihrem Mann. Und zeigte in diesen Gesprächen eine Seite, die wir im Business so nicht von ihr kannten: Sie offenbarte Unsicherheiten, Schwächen, zeigte sich verletzlich und sehr menschlich. Mich hat ihre Authentizität damals stark beeindruckt, und ich schwor mir, dass ich mich im Arbeitsumfeld nie verstellen würde. Heute lebe ich ein ähnliches Führungsverständnis wie sie. Ein Führungsverständnis, das unter anderem darauf basiert, dass Schwächezeigen eine große Stärke ist. Auch der gelebte Führungsstil bei Ratepay orientiert sich – übrigens nicht erst seitdem ich CEO des Unternehmens bin – an diesem Verständnis. Er ist außerdem kooperativ, digital, transformativ, authentisch, situativ und empathisch. Das Authentische und Kooperative an unseren Leadership-Qualitäten hat schon Miriam im Unternehmen gepflegt – und ich setze es nun nur zu gern fort.

Ich erinnere mich auch an einen weiteren meiner früheren Chefs, der erkannte, dass ich Führungsqualitäten hatte, die er bemerkenswert fand. Mir gelänge intuitiv, so seine Einschätzung, etwas, was vielen Manager:innen abginge: das Führen über Ziele, mit Empathie, Wertschätzung und starker Kommunikation. Dieses Vertrauen in meine Leadership-Qualitäten hat mich bestärkt in dem, was ich bereits intuitiv tat. Ich besuchte Fortbildungen, Seminare, beschäftigte mich mit spannenden Vorbildern, saugte auf, was sie schrieben oder sagten. Auch heute noch faszinieren mich gute Leadership-Bücher wie etwa das von Jim

Collins. In seiner Veröffentlichung *Good to Great* skizziert er sieben Erfolgsfaktoren, die sehr erfolgreiche Unternehmen von erfolgreichen Unternehmen unterscheiden. Zwei finde ich besonders bemerkenswert: Großartige Unternehmen haben besondere Leader und die richtigen Leute an Bord. Für mich bedingt sich beides: Hast du als Führungskraft dieses gewisse Extra, mit dem du Leute begeistern und entwickeln kannst, dann findest du auch die richtigen Menschen, die ein Thema mit nach vorne bringen und weitertreiben können.

Der allwissende Über-Chef, der immer stark ist, der alles besser weiß, dessen Entscheidungen in Stein gemeißelt sind und nicht hinterfragt werden dürfen, ist ein Relikt aus der Vergangenheit. Auch wenn es bis heute Unternehmen gibt, die von diesen aus der Zeit gefallenen Chefs geführt werden, werden sie die Zukunft nicht gestalten. Leben wir doch heute in Zeiten, die deutlich schnelllebiger geworden sind, die permanenten Wandel bedeuten und die damit deutlich ungewisser und planbarer sind als noch vor wenigen Jahren. Ich muss als Führungskraft erkennen können, dass ich nicht alles allein machen kann, dass es Menschen gibt, die in ihrem Job, auf ihrem Fachgebiet besser sind als ich. Erst dann stelle ich starke Persönlichkeiten ein, die sich gegenseitig ergänzen und mich als Chefin mit ihrer Expertise überzeugen. Das Vertrauen in die Mannschaft und in ihre Schwarmintelligenz ist für mich und moderne Unternehmen unerlässlich. Denn Chefs sind nicht automatisch Chefs, weil sie alles besser können als andere.

Miriam sagt: Exzellente Chefs können dich mitreißen, begeistern und lassen dich brillieren. Ich hatte zwei davon bei Bibit Global Payment, einem niederländischen Start-up, zu dem ich wechselte, als ich erkannte, dass die Reisebranche beim Thema Buchungen kurz vor einer Wende stand. Da wollte ich unbedingt dabei sein und mitgestalten. Beim Konzern, für den ich zuvor tätig war, wäre das nicht möglich gewesen. Der Gründer und der Co-Founder des Unternehmens haben mich begeistert, mit ihrer Idee von der Zukunft des Bezahlens, aber auch mit ihrem Führungsstil. Die beiden nämlich ließen mich machen, auch Fehler gehörten selbstverständlich dazu. Pieter van der Does, heute übrigens einer der erfolgreichsten Unternehmer in Europa, der mit Adyen ein Unternehmen geschaffen hat, das wertvoller ist als die Deutsche Bank, hat einmal zu mir gesagt: »Du musst es nicht können. Du kannst alles lernen.« Zum ersten Mal erfuhr ich hier hautnah, was »driven by passion« wirklich bedeutet und wie motivierend es sein kann, Dinge wirklich voranzutreiben, nach vorne zu bringen und erfolgreich zu machen. Eine Aufbruchstimmung, die so ansteckend ist, die so selig macht und die man wahrscheinlich in dieser Intensität nur bei Start-ups erfährt.

Vieles davon habe ich mitgenommen und durch eigene Erfahrungen ergänzt. Heute weiß ich: Teambildung erfordert ein tiefes und aufrichtiges Interesse an den Menschen, an ihren Stärken und Schwächen, an ihrer Energie und ihren Motivationstreibern.

Aber: Jedes Team braucht auch eine klare Aufgabe und Richtung für alle klaren Verantwortlichkeiten. Erfolg muss messbar sein. Und – auch ganz wichtig – gefeiert werden. Ein großartiges Team braucht eine Kultur, in der kein Teammitglied Angst hat, eine Kultur, in der auch Führungskräfte über ihre Schwächen sprechen, eine Kultur der Diskussion, Auseinandersetzung, aber auch des gemeinsamen Konsenses. Was es dafür braucht? Diversität. Und: eine Kultur, in der Fehler erlaubt sind, eine Kultur, in der man zusammen lachen kann und stolz sein darf und eine Kultur, in der man sich 100%ig auf den anderen verlassen kann und ehrlich zueinander ist. Dann kann man alles schaffen.

Ist der Chef, die Chefin ein Idiot, verlässt der Mitarbeitende irgendwann frustriert das Unternehmen. Nicht umsonst gibt es das Sprichwort: »Man kommt für einen Chef, und man geht wegen eines Chefs.« Was aber braucht es für eine gute Führung? Was macht die ideale Führungskraft aus? Google liefert hier eine schöne Blaupause, die ich richtungsweisend finde. Mit dem »Project Oxygen«, einem Langfristprojekt zum Thema gute Führung, hat der Tech-Gigant definiert, was Leadership in Zeiten wie diesen ausmacht. Diese zehn Dinge gehören unbedingt dazu und machen einen Menschen zu einer exzellenten Führungskraft:

1. Sie ist ein guter Coach. In herausfordernden Situationen ist nicht die alleinige Expertise des Chefs oder der Chefin gefragt. Vielmehr sollte er oder sie bei der Lösungsfindung auf das gesamte Team setzen. Die so entstehende Lernkurve hilft allen in späteren ähnlichen Situationen.

2. **Sie meidet Mikromanagement und gibt dem Team die Macht.** Ein ewig kontrollierender Kopf führt sein Team nicht zum Erfolg, sondern macht es klein und unselbstständig. Vertraut man dagegen auf die Menschen, die im Team sind, und setzt auf Ergebnisse statt auf Kontrolle, wird damit Innovation und Kreativität gefördert.

3. **Sie sorgt für ein Umfeld, das Erfolg und Wohlbefinden ermöglicht.** Vertrauen ist hier, laut Google, der Schlüssel. So heißt es: »Der Schlüssel zu guter Teamarbeit liegt in der Schaffung einer psychologisch sicheren Umgebung.« Einer Umgebung also, die den Mitarbeitenden sicher macht, in der sie Fehler machen können, in der niemand denunziert oder von Kolleg:innen abgestraft wird. Funktionierende Teams leben von Vertrauen, und gute Führungskräfte sorgen für Vertrauen.

4. **Sie ist produktiv und ergebnisorientiert.** Eine Führungskraft lebt vor und sollte zeigen, wie Produktivität aussieht.

5. **Sie ist eine exzellente Kommunikatorin.** Sie hört zu, teilt Informationen. Wenn die Mannschaft nicht versteht, was die Führung aus welchen Gründen macht, wird sie nur schwer davon zu überzeugen sein, mitzugehen. Gute Führungskräfte können zuhören, verstehen ihre Teams so besser und beweisen das nötige Einfühlungsvermögen, das es für ein konstruktives Miteinander braucht.

6. **Sie unterstützt die Mitarbeitenden, gibt ihnen Raum für die Karriere.** Die wichtigste Essenz: eine ehrliche Feedbackkultur. Dazu gehört auch die konstruktive Kritik. Und: Dieses Feedback ist empathisch und wertschätzend.

7. **Sie hat ein Ziel, eine Vision und eine Strategie vor Augen.** Oder, um es mit Antoine de Saint-Exupéry auszudrücken: »Wenn du ein Schiff bauen willst, dann trommele nicht Männer zusammen, um Holz zu beschaffen, Aufgaben zu vergeben und die Arbeit einzuteilen, sondern lehre die Männer die Sehnsucht nach dem weiten, endlosen Meer.«

8. **Sie verfügt über technische Schlüsselkompetenzen, um das Team beraten zu können.** Soll heißen: Sie versteht, was die technischen Anforderungen im Bereich sind, welche Abläufe nötig sind und welche Aufgaben dazugehören.

9. Sie arbeitet teamübergreifend mit anderen zusammen und schafft keine Silos. Sie sieht das große Ganze und arbeitet für den gesamten Unternehmenserfolg, nicht für den eigenen.
10. Sie zeichnet sich durch Entscheidungsfreudigkeit aus. Auch wenn es um unpopuläre Entscheidungen geht, müssen Situationen klar geregelt werden. Aussitzen gilt nicht.

Die Prinzipien, die Google hier aufgestellt hat, sind Basis für die Management-Programme des Konzerns und sorgen so dafür, dass sie auch gelebt werden. Viele amerikanische Unternehmen agieren nach ähnlichen Prinzipien und Werten. eBay übrigens auch. Mich hat die eBay-Kultur von Anfang der 2000er Jahre stark geprägt und bis heute beeinflusst. Das Vertrauen darauf, dass jeder etwas beizutragen hat, das Vertrauen zueinander, die flachen Hierarchien, die offene und direkte Kommunikation; das habe ich mitgenommen, auch zu Ratepay. Denn auch wenn dieses Unternehmen keine Consumer Brand ist, die fachlichen Themen also andere sind, bleiben die Herausforderungen für die Organisation, das Management oder die Kultur dieselben. Auch die Themen bleiben: Personalien, steter Wandel, Transformation, Kommunikation.

Wie wichtig gerade die Kommunikation auf Management- und Teamebene ist, macht diese Geschichte deutlich: Eine Führungskraft bei Ratepay war unzufrieden. Obwohl sie einen exzellenten Job machte. Spürbar wurde das regelmäßig in Meetings oder Gesprächen. Auch die Kolleg:innen waren immer wieder damit konfrontiert, weil Entscheidungen zum Beispiel nicht vollständig mitgetragen wurden. Auch ich konnte das nicht lösen, fand keinen guten Zugang, suchte Hilfe bei einem Coach, der mit ihr die Situation und den Umgang damit aufarbeitete. Das Ergebnis war nicht überraschend: Die Führungskraft fühlte bei Ratepay keine Heimat mehr, kam mit der Veränderung nicht klar. Es passte einfach nicht mehr. Weder von der anstehenden Aufgabe noch von der Kultur her. Die Führungskraft hat sich dann entschieden, Ratepay zu verlassen. Ich bin sicher, dass sie mit ihrer neuen Aufgabe in einem neuen Unternehmensumfeld deutlich glücklicher ist. Mein Learning daraus: Der unverfälschte und neutrale Blick von außen ist in Fällen, die sich intern nicht lösen lassen, extrem hilfreich.

Unternehmen der Zukunft sind prädaptiv

Ich mag die beschriebenen Leadership-Prinzipien und bin gleichzeitig eine Anhängerin prädaptiver Führung. Geprägt hat den Begriff das auf Transformation von Organisationen spezialisierte Beratungsunternehmen zero360. Prädaptives Handeln meint ein agiles und gleichzeitig vorausschauendes Handeln, das so zum Schlüssel für die Zukunftsfähigkeit von Unternehmen wird. Gerade nach Corona ist dieser Ansatz für mich das Grundprinzip moderner Organisationen. Denn was hat uns die Pandemie gelehrt? Alles kann sich jeden Tag verändern – um damit umgehen zu können und zu »überleben«, müssen Unternehmen agil und wendig sein, gleichzeitig aber auch mit Weitblick – oder wie es zero360 ausdrückt, mit einem holistischen Blick nach vorn – agieren. Prädaption bedeutet also im Kern: Bleibe anpassungsfähig und behalte immer die Zukunft und deine Wettbewerber im Blick, denke in Szenarien. »Agilität ohne vorausschauendes Szenariendenken«, so heißt es in einem Whitepaper des Beratungsunternehmens, »birgt für Organisationen in der heutigen Welt ebenso Gefahren wie ein Denken in Szenarien, ohne jedoch die Fähigkeit, agil auf Veränderungen zu reagieren, aufzubauen.« Beides muss gegeben sein, um Organisationen zukunftsfähig zu machen.

Ratepay ist lange Jahre auf Profitabilität gesteuert worden. Die wichtigste Kennzahl für die Shareholder war das EBITDA, also der Gewinn vor Steuern, Abschreibungen und sonstigen Finanzierungsaufwendungen. Das ist lange Zeit auch gut gegangen, auch wenn wir EBITDA-getrieben nicht so wachsen konnten wie der Wettbewerb, der bei einem Fokus auf Umsatzwachstum Investorenkapital oft mit vollen Händen ausgeben konnte, ohne lange Zeit auch nur einen Euro Gewinn zu machen. Damit haben unsere Wettbewerber einen Vorteil beim Gewinn von Marktanteil. In meinen ersten Monaten bei Ratepay habe ich deshalb stark dafür gekämpft, dass sich der Fokus auf Profitabilität hin zu Umsatzwachstum ändert. Mittlerweile sind andere Zeiten angebrochen, und wir schauen vermehrt auf Umsatzwachstum. Anfang 2021 bekam ich von den Shareholdern für diese neue Ära bei Ratepay grünes Licht und bin seitdem dabei, das Unternehmen anders aufzustellen. Das ist Change und Transformation in Reinkultur. Denn plötzlich müssen die Kolleg:innen mutiger und schneller agieren, können Entscheidungen nicht mehr nach oben delegieren, sondern müssen sie selbst treffen. Nicht jeder hält das aus, nicht jeder geht da mit.

Eine Geschichte, die ich persönlich bedaure, zeigt, was Transformationen dieser Art mit manchen Mitarbeitenden macht. Einer meiner weiblichen Führungskräfte hatte ich als Quereinsteigerin die Verantwortung für einen großen Bereich übertragen, mit breiten Inhalten, neuen Köpfen im Team und viel Visibilität. Und mit vielen Herausforderungen. Sie schien gut zurechtzukommen und machte auch einen sichtbaren Sprung als Führungskraft. Zwischenzeitlich hatte ich sie mit noch mehr Budget und noch mehr Mitarbeitenden ausgestattet. Dann kam ihre für mich überraschende Kündigung. Ihre Begründung: zu viele Baustellen, zu viel Verantwortung, zu wenig Ressourcen, zu viel Druck. Herausforderungen, die sie nicht mehr schlafen ließen, denen sie nicht mehr gerecht wurde. Mein Angebot, ihr alternativ einen kleineren Verantwortungsbereich zu übertragen, lehnte sie ab. Ich kam zu spät mit meinem Vorschlag und hatte hier als Vorgesetzte versagt. Hätte aktiver zuhören, mich noch mehr mit ihr beschäftigen müssen. Vielleicht hätte ich die Anzeichen dann frühzeitig richtig interpretiert und sie im Unternehmen halten können. So musste ich sie schweren Herzens ziehen lassen.

Man muss sich auch trennen können

Erfahrungen wie diese sind oftmals bitter, gehören aber zum Alltag einer Führungskraft. Ein besonders einprägendes Erlebnis in diesem Zusammenhang stammt aus meiner brands4friends-Zeit. Plötzlich fand ich mich vom eBay-Konzern kommend in einem Unternehmen wieder, das deutlich kleiner als die Übermutter war und das deutlich größere Probleme hatte. Und ich stand an der Spitze und musste sie lösen. Das bedeutete unter anderem harte Einschnitte beim Personal. Ich musste – das erste Mal in meinem Leben – Menschen in größerem Stil entlassen. Die entscheidenden Gespräche fanden ausgerechnet an meinem Geburtstag statt, der, da ein runder, am Abend mit einem großen Fest begangen werden sollte. Ich zog die Gespräche durch – niemals zuvor und selten danach habe ich mich so schlecht in meiner Rolle als Chefin gefühlt.

Damals lernte ich, dass man sich bei aller Empathie in solchen Situationen auf eine Sachebene »retten« muss – sie ermöglicht die nötige Distanz und die Chance, mit einer solchen Situation umgehen zu können. Und noch etwas habe ich für das Thema Umstrukturierung und Entlassungen gelernt: Transparenz und Authentizität machen den Unterschied: Niemand wird gern entlassen, niemand entlässt gern. Fehlt dann auch noch die nötige Einordnung, also die Begründung für diesen Schritt, dann macht man es der zu entlassenden Person und der zurückbleibenden Organisation doppelt schwer. Bei brands4friends waren die Einschnitte sicher sehr hart, aber durch den Umgang damit habe ich, haben wir, das Management, für Verständnis im Unternehmen sorgen können. Das Resultat zeigte sich einige Zeit später: Denn trotz des heftigen Change-Prozesses ist es uns gelungen, die natürliche Fluktuation zu reduzieren und gute Leute zu halten. Keine Selbstverständlichkeit. Schon gar nicht auf einem hart umkämpften Arbeitsmarkt.

Die Zeit bei brands4friends war für mich trotz allem sehr inspirierend: Fernab von Konzernstrukturen konnte ich ein mittelständisches Unternehmen entwickeln, ich konnte es verändern, auf einen neuen Weg schicken. Das war neu für mich und aufregend dazu. Andere Strukturen, anderer Spirit, schmalere Prozesse, kürzere Wege: Das gefiel mir. Auch wenn das Arbeitspensum immer noch groß war, der Job machte Spaß. Auch und besonders in Sachen Recruiting und der dazugehörigen anderen Seite der Medaille, den Entlassungen. In Konzernen übernimmt diesen Prozess die Personalabteilung, man kann sich, wenn man das denn will, tatsächlich vor unangenehmen Entscheidungen drücken und wegducken. Auch wenn ich das schon zu eBay-Zeiten nie getan habe, in meiner jetzigen Position ist das zumindest im Managementteam so gut wie gar nicht möglich. Ich muss hier Farbe bekennen – und ich will das auch. Denn auch Trennungen von Mitarbeitenden, so bitter sie auch sein mögen, haben oft etwas Gutes und versprechen neue Chancen. Und: Sie haben auch etwas mit Haltung, in diesem Fall mit Wertschätzung zu tun. Denn der Mitarbeitende, der gehen muss, war ja einmal erste Wahl für mich und für das Unternehmen. In Situationen wie diesen muss ich dann auch so mutig sein, zu begründen, warum ich mich jetzt eines anderen besonnen habe.

Führung kann man lernen

Wie wird man ein guter Chef, eine gute Chefin? Sicher ist: Es liegt nicht in den Genen. Oder höchstens – denkt man an Haltung, Intuition, Moral und Werte – ein bisschen. Haltung, und auch Moral oder Werte, werden einem mitgegeben: durch die Familie, die Eltern, die Schule, das Umfeld. Natürlich verfeinern wir diese Grundlagen im Laufe unseres Lebens und aufgrund unserer Erfahrungen. Aber die Basis bleibt. Sie allein ist für mich allerdings nicht ausreichend.

Um auch in Konflikt- oder anderen heiklen Situationen als Chefin bestehen zu können, habe ich mich immer wieder über Coachings oder Fortbildungen weiterentwickelt. Ich wollte wissen: Warum triggern mich bestimmte Situationen mehr als andere? Warum reagiere ich auf spezielle Charaktere so und nicht anders? Was macht mich als Person aus? Worin bin ich stark, wo sollte ich mir Unterstützung holen? Eine der Methoden, die ich sehr mag, ist der von Katharine Cook Briggs und Isabel Briggs Myers entwickelte Myers-Briggs-Typenindikator, ein Instrument, das zeigt, welcher psychologische Typ auf Basis der Klassifizierung von Carl Gustav Jung man ist. Auch wenn das Modell inzwischen ein echter psychologischer Ausläufer ist, mir hat es eine gute erste Indikation über mich als Person gegeben. Auch bei uns im Managementteam arbeiten wir damit und kennen (und schätzen!) die unterschiedlichen Profile und Präferenzen unserer Kolleg:innen.

Ich bin nach diesem Modell ein »ENTJ« und damit »eine geborene Führungspersönlichkeit, die ehrgeizig, organisiert und entscheidungsfreudig ist« (oha!). ENTJ basiert auf Carl Jungs Theorie zum psychologischen Typ und beschreibt eine Persönlichkeit mit vier Dimensionen. Als ENTJ bin ich *e*xtrovertiert und enthusiastisch, nehme Informationen *i*ntuitiv und zukunftsgerichtet auf, fälle berufliche Entscheidungen durch logisches Denken (*T*) und gehe geplant und organisiert (*J*) durch die Arbeitswelt. Ähnlich interessant ist das Vier-Farben-Modell, das Persönlichkeiten Farben zuordnet. Selten ist man einfarbig, meistens ist man ein Mischtyp. So wie ich auch übrigens. Mein dominanter Stil ist rot. Ich bin ungeduldig, schnell und extrovertiert. Stimmt. Ich habe aber auch Charakteristika von Grün und Gelb. Grün bin ich vor allem im Umgang mit Menschen: kommunikativ und hilfsbereit, auf andere vertrauend. Gelb zeichnet meine Sales-Seite aus: kontaktfreudig und kreativ. Egal, was bei so einem Test rauskommt: Eine gute Chefin erforscht sich immer wieder selbst und besetzt ihre Teams mit einer möglichst guten Mischung verschiedener Persönlichkeitstypen.

Miriam sagt: Ein Führungsprinzip, das ich verinnerlicht und schon immer gelebt habe, ist für mich Authentizität. Authentisch zu sein, heißt glaubwürdig zu sein. Und nur wer glaubwürdig ist, kann ein Vorbild sein. Und genau darum geht es doch bei Leadership: Mein Handeln, mein Tun muss nachvollziehbar sein, es muss Sinn machen und in die Zeit passen. Ich möchte meine Mitarbeitenden begeistern und motivieren, ich möchte sie mitnehmen auf meine Reise. Und das kann ich – glaubwürdig – nur, wenn ich offenlege, wie ich agiere und warum ich so agiere, wie ich es tue. Das impliziert durchaus auch Fehlentscheidungen, zu denen ich allerdings stehen muss. Und es impliziert das Wissen darum, nicht alles selbst machen zu können. Eine starke Führungspersönlichkeit setzt auf ein starkes Team, in dem jeder seine Fähigkeiten für das gemeinsame Ziel einbringt. So habe ich es bei Ratepay gehalten, so halte ich es heute auch bei Banxware: Die klassischen Top-down-Hierarchien werden durch natürliche abgelöst. Oder: Know-how bringt Lead. Heißt: Wenn einer meiner Mitarbeitenden auf seinem Gebiet schlicht mehr weiß als ich – und davon gibt es einige –, vertraue ich auf dessen Urteil und Entscheidungen. Unterm Strich könnte man sagen: Ich führe kameradschaftlich und betrachte meine Mitarbeitenden als Mitstreiter für die gemeinsame Sache.

Zurück zu Ratepay und der angewandten prädaptiven Führung. Wir agieren inzwischen mit viel Weitsicht auf das, was kommen wird, was unsere Branche, was den Markt bewegen wird. So passen wir unser Produkt konstant an die Bedürfnisse von morgen an. Das gelingt durch konsequente Kundenzentrierung, durch ein Ohr am Markt und ein gutes Zusammenspiel von Sales und Produktentwicklung. Auch beim Thema Risikomanagement ist das Eingrenzen potenzieller Risikofaktoren wie Betrug und Kreditwürdigkeit unabdingbar und überlebensnotwendig. Wir haben das Herzstück des Unternehmens, unser KI-basiertes Risikosystem, so ausgelegt, dass es vorausschauend auf Basis von Algorithmen und bestimmten Mustern Betrugsfälle erkennt und innerhalb eines Bruchteils einer Sekunde entscheidet, ob wir eine Zahlung annehmen oder nicht. Hier lernt unsere eigene KI immer weiter dazu, und wir sorgen dafür, dass wir, wo sinnvoll, immer mit den besten Anbietern am Markt zusammenarbeiten.

Parallel setzen wir von Haus auf eine agile Organisation, schulen unsere Mitarbeitenden entsprechend und haben ein agiles Mindset verankert. Denn erst so ist agiles Arbeiten letztlich möglich. Die Werte und Prinzipien, die uns dabei leiten, setzen auf Kundenorientierung, Selbstverantwortung, Ergebnisorientierung, Transparenz, eine offene Kommunikation, Wertschätzung, Fairness und Toleranz. Auch die Beziehungsorientierung, also ein Führungsverhalten, das ein hohes Maß an Autonomie gewährt, gehört dazu. Ebenso Flexibilität und Veränderung. Agilität muss bis in die Spitze gelebt werden, heißt: Auch ich als CEO muss flexibel bleiben und, wenn die Situation es erfordert, einspringen. So geschehen etwa, als eine wichtige Führungskraft aufgrund einer Krankheit und vielen persönlichen Baustellen ausfiel. Drei Monate mindestens. Das Back-up war ich – ich habe die Teams und Direct Reports übernommen, musste mich in dieser Zeit neben meinen übergeordneten strategischen Aufgaben auch mit sehr operativen Themen beschäftigen. Auch das muss ich als Chefin hinbekommen.

Der Fit muss stimmen

Sollen die so aufgestellten Teams und Führungskräfte erfolgreich sein, haben wir zusätzlich diese Dimensionen für unsere Zusammenarbeit verankert:

1. Den fachlichen Fit: Jeder hat seinen »Tanzbereich« und die notwendige Expertise dafür.
2. Den menschlichen Fit: Wir sollten uns in unseren Stärken ergänzen und dabei die Wachstumsfelder der anderen ausgleichen.
3. Den Werte-Fit: Neben den Unternehmenswerten und unserem Verständnis von Leadership ist es besonders wichtig, auf die Zusam-

menarbeit zu schauen. Was ist dem oder der anderen wichtig? Wo liegen Grenzen? Wann ist es auch okay, in einer kleinen Gruppe oder alleine Entscheidungen zu treffen?

4. Wertschätzung: Heißt bei uns, den anderen sehen und anerkennen.
5. Klare Absprachen: Wir sollten uns alle an klare Absprachen halten und Ziele kommunizieren.
6. Füreinander da sein
7. Geschlossenheit: Wir treten nach außen gemeinsam für die vereinbarte Führungslinie ein.
8. Das Unternehmen im Mittelpunkt: Was ist gut für Ratepay? Wir entscheiden immer für das Unternehmen, erst dann kommen die Wünsche des Einzelnen.

Ständig verändern Stakeholder wie Kunden, Partner oder Investoren ihre Erwartungen dem Unternehmen gegenüber. Darauf müssen wir vorbereitet sein, uns entsprechend wandeln und kontinuierlich neu erfinden. Dieses Bewusstsein der Veränderung, des Wandels erleichtert übrigens auch die Einführung neuer Technologien maßgeblich – und das ist im Zeitalter der Digitalisierung wesentlich, um die damit verbundenen Chancen nicht zu verpassen. Teams in so einer gelebten agilen Welt agieren mit einem hohen Maß an Selbstverantwortung in flachen hierarchischen Strukturen und mit entsprechenden Führungspersönlichkeiten. Denn auch agile Strukturen brauchen Leadership. Aber natürlich ein richtig verstandenes, weshalb ich das Servant-Leadership-Prinzip schätze: Demnach steht die Führungskraft in den Diensten des Teams und nicht das Team in den Diensten des Leaders. Er hat keine delegierende, sondern vielmehr eine unterstützende und dienende Funktion. Konkret heißt das für meinen Job: Ich sorge für den Rückhalt der Teams bei den Shareholdern und für das notwendige Budget. Der Servant Leader liebt Menschen und möchte ihnen helfen, das Beste aus sich herauszuholen.

Ich bin überzeugt, dass in zehn Jahren die hier skizzierte Führungskultur fest etabliert sein wird. Eine Führungskultur, die es schafft, Begeisterung und Leidenschaft bei den Mitarbeitenden zu entfachen. Das wird dann auch schlechte von guten Chefs unterscheiden: Die, die dazu nicht in der Lage sind, werden das Feld den echten Leadern überlassen müssen. Führung wird Bereiche umfassen, die heute bereits sichtbar sind: Hierarchien werden flacher, lassen mehr Selbstinitiative von Mitarbeitenden zu, schaffen einen Rahmen, der es ihnen ermöglicht, frei zu agieren. Und: Führung wird letztlich remote, hybrid und international erfolgen müssen.

Gefragt: Eine agile Organisation

Es wird künftig aber nicht allein auf die entsprechenden Leadership-Skills ankommen, sondern auch auf eine ausgesprochen flexible Organisation. Eine Organisation, die agil ist, die wendig ist, die sich anzupassen vermag. Eine Organisation also, die ihre Struktur, ihre Prozesse, ihre Kultur und das Leadership konsequent auf Wirkung ausrichtet und am Kunden orientiert. Für die Teams dieser Organisation heißt das: Sie agieren selbstbestimmt und eigenverantwortlich, sind dadurch flexibel und kreativ und letztlich hochproduktiv. Aber: Wie wird ein Unternehmen agil? Sicher nicht, indem ich proklamiere, dass wir ab sofort besonders beweglich unterwegs sein wollen. Es braucht fünf Zutaten, wenn man agil erfolgreich sein will:

- eine passende Vision,
- eine ehrliche Unternehmenskultur,
- ein agiles Framework, also den passenden Rahmen für agiles Arbeiten,
- Authentizität bei Mitarbeitenden und Führungskräften und
- wahrhaftige Kommunikation, die das Warum hinter dem Was erklärt.

Hat man mit schlanken Prozessen, autonomen Strukturen, lernfähigen Teams, Transparenz und eindeutigen Verantwortlichkeiten schließlich für das agile Umfeld gesorgt, bedarf es weiterer Zutaten, um das agile Gebilde am Laufen zu halten. Für mich gehören bei Ratepay dazu:

- fähige und kommunikationsstarke Personen, die den Umstrukturierungsprozess anleiten,
- der Wille und die Bereitschaft, den Status quo im Unternehmen zu hinterfragen und kontinuierlich zu verändern,

- Offenheit für das, was die Veränderung mit sich bringen wird,
- Mitarbeiter, die gut genug ausgebildet und motiviert sind, um selbstständig zu arbeiten,
- Bewusstsein für Probleme, die man nicht mit Agilität lösen kann. Denn innerbetriebliche Konflikte und Fachkräftemangel beispielsweise können auch durch agile Methoden nicht behoben werden.

Schöne neue virtuelle Welt?

Die Pandemie hat die Arbeitswelt und mit ihr das Thema Leadership verändert – für immer verändert, möchte ich behaupten. Das Büro und die physische Anwesenheit haben ausgedient. Wir werden das, was wir alle seit gut zwei Jahren erleben, aus dem Arbeitsalltag nicht mehr eliminieren können, sondern stattdessen mehr und mehr auf hybride Arbeitsmodelle setzen, mit einem hohen Remote-Anteil. Ich freue mich, dass wir in Sachen Arbeitszeiten damit deutlich flexibler unterwegs sein werden als noch 2019. Aber: Wir werden nicht völlig am heimischen Schreibtisch verweilen können. Virtuelle Meetings, die uns alle über den Tag hinweg begleiten, lassen nämlich eine ganz wesentliche Dimension der Zusammenarbeit außen vor: die zwischenmenschliche. Das Gespür, das ich habe, wenn mir jemand gegenübersitzt. Im realen Leben kann ich Stimmungen aufnehmen, kann Äußerungen nachspüren, merke, ob jemand verletzt, getroffen, schlecht drauf ist oder einfach unkonzentriert. Die Mechanismen virtueller Meetings verhindern diese Wahrnehmungen. Wir versuchen jetzt bei Ratepay eine bestmögliche Kombination beider Welten, veranstalten regelmäßige Teamevents, laden einmal im Monat zu Veranstaltungen ins Office ein. Ich glaube, dass das essenziell ist für das, was ich den kulturellen Klebstoff nenne, der ein Unternehmen zusammenhält: die persönlichen Bindungen, die nur im Zwischenmenschlichen entstehen und eine wesentliche Zutat für die Unternehmenskultur ist. Auch das ist übrigens etwas, das einen guten von einem schlechten Leader unterscheidet: das Bewusstsein davon, dass eine ausgewogene Unternehmenskultur den Unterschied macht.

Denkanstoß

Führen Frauen eigentlich besser als Männer? Eine interessante Frage, an der sich die Geister scheiden. Und die man, glaubt man einer Studie der Unternehmensberatung Boston Consulting Group, mit einem klaren Jein beantworten kann. Die Studie stellt nämlich fest, dass es vor allem gemischte Teams sind, die ein Unternehmen erfolgreich machen. Befragt wurden die Top 100 der börsennotierten deutschen Unternehmen. Die Autor:innen der Studie fanden heraus, dass Unternehmen mit diversen Führungsteams eine höhere Gewinnmarge erzielen. Ganze 9 Prozent mehr erwirtschaften sie. Außerdem erzielen sie einen 20 Prozent höheren Umsatzanteil durch Innovationen als ihre männerlastigen Wettbewerber. Studien zum Thema »Mixed Leadership« sind übrigens aktuell ein großer Renner. Ob McKinsey, EY, Catalyst oder eben Boston Consulting Group: Sie alle fragen, welchen Einfluss die Vielfalt auf den wirtschaftlichen Erfolg eines Unternehmens wohl haben mag. Unterm Strich ergibt sich aus allen Untersuchungen: Ein Frauenanteil von mindestens 30 Prozent an der Entscheidungsspitze eines Unternehmens sorgt für eine höhere Leistung der gesamten Organisation. Die Begründung: Gemischte Teams ergänzen sich in ihren Fähigkeiten und sorgen so für bessere Ergebnisse. Die Norweger machen uns das übrigens vortrefflich vor: Hier sind die Aufsichtsräte zu 40 Prozent weiblich und sorgen, so fand Aaron Dhir 2015 in seinem Buch *Challenging Boardroom Homogeneity* heraus, für eine bessere Arbeitskultur und ein besseres Krisen- und Risikomanagement.

Unser Leadership-Experte Fabian Kienbaum

Für dieses Kapitel haben wir zwei ganz unterschiedliche Experten mit unterschiedlichen Hintergründen und Perspektiven gewählt. Der erste ist Fabian Kienbaum. Kienbaum ist nicht nur ein bekannter Name, den man mit hoher Expertise und Erfolg im Bereich Führung verknüpft, Fabian selbst setzt sich als Führungsperson auch bei der Initiative Startup Teens für die jungen Talente von morgen ein.

Wer nicht loslässt, kann der Komplexität der neuen Arbeitswelt nicht gerecht werden

Von Fabian Kienbaum

Sustainable Leadership stellt den Menschen in den Mittelpunkt. Im Hinblick auf den Faktor Arbeit ist Deutschland in mehrfacher Weise zweigeteilt: auf der politischen Ebene zwischen eher links und eher liberal. Auf der unternehmerischen zwischen Erhalt des Status quo und Aufbruch. Und auf der persönlichen zwischen dem neuen und dem alten Karrieremodell. Diese Fliehkräfte, kombiniert mit der demografischen Entwicklung, stellen ein enormes Risiko für den Wirtschaftsstandort Deutschland dar. Und die Gemengelage definiert ein Spannungsfeld, das die Arbeit von Führungskräften immer komplexer macht.

Ich beginne auf der persönlichen Ebene: Das alte Karrieremodell sah vor, dass sich Menschen in das Organisationsmodell ihres Arbeitgebers einfügen, Schritt für Schritt nach oben klettern, wobei Individualität und Familienleben häufig sehr kurz kamen. Im neuen Modell ist die Karriere idealerweise etwas, das das Leben bereichert. Die großartige Herminia Ibarra, Professorin für Organisational Behavior an der London Business School, sieht ein neues Narrativ und nennt es »Entdecke dich selbst« statt »Klettere fleißig und voller Entbehrungen die Karriereleiter hinauf«.

Jobwechsel passieren häufiger. Menschen verlassen sich bei der Planung ihres beruflichen Weges nicht mehr auf »ihre« Personalabteilung, sondern auf sich selbst. Dazu kommt eine neue Rolle der Frauen – endlich, füge ich gern hinzu. Zudem will längst nicht mehr jede und jeder Führungskraft werden – und kann Gott sei dank in immer mehr Unternehmen auch als sogenannte Expert:in zu hohem Gehalt und Ansehen kommen.

Apropos: Loyalität zum aktuellen Arbeitgeber wird stärker auf die Probe gestellt. Sie entstand schon immer durch konkrete Retention-Maßnahmen, doch wir sehen eine Veränderung: Die Größe des Büros, des Dienstwagens und das Gehalt sind tendenziell weniger bedeutend als nicht monetäre, sogenannte »weiche« Faktoren wie Sinnhaftigkeit (Stichwort: Purpose) und Flexibilität zur Förderung einer besseren Integration von Familien- und Berufsleben, welche ohnehin nicht mehr trennscharf betrachtet werden können. Bei den finanzäquivalenten Maßnahmen gibt es einen Wandel weg von Dienstwagen hin zu Weiterbildung. Wer Loyalität durch Geld erzeugen will, setzt dem Mitarbeitenden seltener die eher kurzfristig wirksame Bonus-Karotte vor die Nase, sondern Unternehmensanteile – ein Trend der kommenden Jahre über die Start-up-Welt hinaus.

Ich wechsle zur unternehmerischen Ebene: Wer bei dem Modebegriff »New Work« an Videokonferenzen denkt, sieht nur einen sehr kleinen Teil des Ganzen: Es geht darum, die digitale Revolution menschlich und die Nachhaltigkeitsrevolution rechtzeitig zu gestalten. Diese riesigen Herausforderungen können nicht ohne, aber auf keinen Fall nur von Führungskräften in Unternehmen gemeistert werden.

Wenn man erkennt, wie die meisten Menschen heute arbeiten wollen, und das vergleicht mit der Art und Weise, wie Politik offenkundig staatsgläubiger wird und dadurch mehr und mehr Bürger:innen infantilisiert – dann ist das paradox. Kontrolle und starre Regeln sind nicht die Lösung auf unsere Herausforderungen und erst recht nicht das, was Menschen zu Höchstleistungen treibt. Technologische Revolutionen gehen immer mit einer kulturellen einher. Und nicht nur Philosophen wie Richard David Precht glauben, dass wir uns darum noch zu wenig Gedanken machen. Das gilt im berüchtigten War for Talents umso mehr.

Unsere Studie »Workforce Ambidexterity« sieht eine »Bauch-Situation« voraus: viele Beschäftigte mit niedriger Bezahlung, viele mit hoher und die Mitte dünnt gewaltig aus. Es droht also nicht nur eine Spaltung der Gesellschaft, sondern logischerweise auch der Belegschaften – übrigens auch bei dem Punkt, wer Homeoffice machen kann und wer nicht. Führungskräfte müssen Gerechtigkeit herstellen, auch wenn die jeweilige Situation das fast unmöglich macht.

Das alles geschieht in einer Arbeitswelt, die sich nicht nur in den Dimensionen Demografie und Arbeitsweise wandelt, sondern auch bei Kompetenzen: In unserer Studie »Future Skills« haben wir Tausende Fach- und Führungskräfte befragt, welche Fähigkeiten in Zukunft gebraucht werden, wie viele heute fehlen und wie Fortbildung funktionieren sollte. Die Ergebnisse sind, kurz gefasst, verheerend: Nur rund 20 Prozent der Firmen haben demnach überhaupt definiert, welche Future Skills in ihrem Betrieb gebraucht werden. Von Handlungen noch wenig Spuren.

Kommen wir schließlich zur volkswirtschaftlichen Ebene inklusive der Ableitung auf Leadership: Im November 2021 haben wir gemeinsam mit dem Institut der Deutschen Wirtschaft (IW), Stepstone und der New Work SE eine große Studie rund um Produktivität und die Zukunft des Arbeitsmarktes veröffentlicht. Der Arbeitsmarkt befindet sich massiv im Umbruch – praktisch überall in der Welt, aber in Deutschland besonders. Dazu trägt die demografische Entwicklung bei: Die Zahl der Arbeitsfähigen im Alter zwischen 18 und 67 Jahren sinkt bis 2035 um fünf Millionen. Da die Arbeitsproduktivität eher sinkt als steigt, ist unser Lebensstandard in Gefahr.

Die Lösungen sind schnell aufgeschrieben, aber nicht trivial in der Umsetzung: Es braucht unter anderem eine schnellere Digitalisierung, mehr Innovationen und kontinuierliche Bildungsanstrengungen. Notwendig ist aber auch generell eine deutliche Verbesserung von Wettbewerbsfähigkeit und Standortqualität. Die Politik kann Rahmenbedingungen verbessern. Aber entscheidend ist ein Produktivitätswachstum und das entsteht in den Unternehmen. Die für diese Studie durchgeführte Befragung von rund 8 000 Fach- und Führungskräften hat drei potenziell produktivitätssteigernde Ansatzpunkte herausgearbeitet: Kompetenz-Matching, Innovationsfähigkeit und gelingende Transformationsprozesse.

Erstens Kompetenz-Matching: Deutschland leidet unter zu wenig Fluktuation bei den Arbeitsplätzen und wenn, dann findet sie oft aus den falschen Gründen statt. Es arbeiten zu viele Menschen auf der falschen Position. Von den rund 75 Prozent, die regelmäßig über einen Jobwechsel nachdenken, trauen sich ihn aber nur 11 Prozent. Ein Wechsel lohnt sich vor allem dann, wenn die neue Stelle die Kompetenzen des Mitarbeitenden besser zu Geltung bringt als die frühere. Wer wegen des Betriebsklimas wechselt, ist nachher selten produktiver und zufriedener.

Die sich daraus ergebenden Fragen kann ich hier nur anreißen, sind als Personal- und Managementberatung aber unser tägliches Brot: Wer oder was fördert Fluktuation? Arbeiten Personalabteilungen zeitgemäß? Wie geben wir Menschen psychologische Sicherheit, damit sie mutig genug sind, ihre Komfortzone zu verlassen? Wie machen wir mehr Flexibilität bei Arbeitsort und Zeit möglich bei hinreichend hohem Wirkungsgrad? Welche Fragen rund um Regulatorik und Vergütung sind zu beachten? Wie erhöhen wir den Grad der Diversität über Geschlechterdebatten hinaus?

Zweitens Innovationsfähigkeit: Die Aussagen der Unternehmensvertreter:innen zur Innovationsfähigkeit signalisieren, dass die Stärkung der Fehlerkultur einen starken Beitrag leisten kann, um in einem Veränderungsprozess die Innovationsaktivität des Unternehmens zu erhöhen. Befragte aus einem Unternehmen, in dem die Beschäftigten oft Verfahren verbessern oder Neues ausprobieren können, gaben deutlich häufiger an, dass sich ihr Unternehmen schnell an sich verändernde Kundenanforderungen anpasse.

Kaum ein anderer Punkt steigert sowohl Anpassungs- als auch Innovationsfähigkeit laut der Befragten allerdings so stark wie Eigenverantwortung, also wenn das Unternehmen eigenverantwortliches Arbeiten und Entscheiden fördert. Das soll idealerweise kombiniert werden mit der frühzeitigen Einbindung der Beschäftigten in wichtige Entscheidungen.

Divers und interdisziplinär zusammengesetzte Teams sind laut der Befragten nach der Fehlerkultur und Verantwortlichkeit ein dritter entscheidender Faktor für mehr Anpassungs- und Innovationsfähigkeit. Letztere steige insbesondere, wenn Beschäftigte bewusst in Teams zum Beispiel aus verschiedenen Fachbereichen oder mit unterschiedlichen Ausbildungshintergründen zusammengesetzt werden, um kreative Ideen zu entwickeln.

Drittens gelingende Transformationsprozesse: Die meisten Betriebe sind alles andere als veränderungsresistent. Zwei Drittel sehen sich permanent in Change-Prozessen; die Frage ist nur, ob in die richtige Richtung und wie gut kommuniziert wird: Wer Entscheidungen für Veränderungen nachvollziehen kann, ist auch eher bereit, auf bestehende Ansprüche zu verzichten. Eine transparente Strategie und klare Ziele tragen auch in einem Transformationsprozess wesentlich zu einer steigenden Innovationskraft bei.

Es hat gravierende Auswirkungen, wenn durch Change Privilegien Einzelner abgebaut werden, zum Beispiel durch das Wegbrechen von Hierarchien und mehr Eigenverantwortlichkeit. Lediglich 28 Prozent der Befragten sehen die Möglichkeit, sich in Veränderungsprozesse einzubringen. Sehr viele betonen, wie wichtig es ist, »bestehende Ansprüche zu berücksichtigen«.

Beim Fragekomplex, welche Merkmale die Veränderungsprozesse aus ihrer Sicht geprägt haben, gab es in fast allen Kategorien eine Auffälligkeit: Die Zustimmung der Beschäftigten fällt hier – wie auch in den anderen Aspekten – geringer aus als die der Unternehmensvertreter:innen. Der Unterschied beträgt mehr als 17 Prozentpunkte und könnte auf ein Konfliktpotenzial hindeuten, wenn Unternehmen eine fehlende Bereitschaft zur Veränderung des Status quo als typisches Transformationshemmnis erkennen.

Zusammenfassend lässt sich sagen, dass erstens das vorrangige Instrumentarium guter Führungsarbeit bleibt, Orientierung der Mitarbeitenden durch klare Ziele zu stiften. Ihn oder sie zweitens beim Weg zu deren Erreichung umfangreiche Freiheiten zu gewähren und ihn/sie als Coach/Mentor:in bestmöglich zu befähigen – wir nennen das Prinzip WePowerment. Drittens aber auch klarzumachen, dass er/sie ein hohes Maß an Eigenverantwortung trägt. Denn: Wenn Führungskräfte es nicht schaffen loszulassen – in hervorragender Manier in Otto Scharmers *Theorie U* beschrieben –, können sie und die dazugehörigen Organisationen der Komplexität der neuen Arbeitswelt nicht gerecht werden.

Unser Leadership-Experte Waldemar Zeiler

Unser zweiter Experte für dieses Kapitel ist Waldemar Zeiler von einhorn. Waldemar ist ein ganz besonderer Unternehmer. Er denkt das Thema Führung radikal neu. »Arbeiten ohne Chefs und ohne Regeln«, das ist sein Ansatz, und damit stellt er das klassische Führungsmodell komplett auf den Kopf.

Führung auf den Kopf gestellt

Von Waldemar Zeiler

Vor sieben Jahren wurde das kleine einhorn zum Leben erweckt. Was mit einem ziemlich naiven Wunsch begann, Wirtschaft anders zu denken, oder wie wir es gerne ausdrücken: »unfuck the economy!«, mündete inzwischen in einem respektablen Unternehmen, das so einigen Menschen in Deutschland bekannt sein dürfte – und das nicht nur wegen unserer unglaublich tollen Kondom- und Menstruationsprodukte.

Was für viele Menschen oftmals noch interessanter zu sein scheint als unsere Produkte, ist unsere Art zu arbeiten. Bei der Gründung waren Philip, mein Mitgründer, und ich uns bei einer Sache ziemlich einig: Wenn wir Wirtschaft anders denken und damit verhindern wollen, dass ein Unternehmen unserem Planeten und den Menschen darauf schadet, dann müssen wir alles infrage stellen, was wir bisher in unserem Leben über Wirtschaft und Unternehmen gelernt haben. Insbesondere meine Ausbildung und Arbeitserfahrung, beginnend an einem Wirtschaftsgymnasium, einem Studium in International Business, dann Unternehmensberatung, dazwischen mehrere meist sehr erfolglose Gründungen mit und ohne Venture Capital, machten mich zu einem denkbar schlechten Vorbild für eine neue Wirtschaft.

Denn wie eine solche Organisation aussehen könnte, in der sich Menschen wohlfühlen und die möglichst wenig Schaden anrichtet, davon hatte ich keine Ahnung. Beziehungsweise: Ich wusste gar nicht, dass das überhaupt ein Unternehmensziel sein kann, denn

Shareholder-Value war für mich sowohl von der gelernten Theorie als auch der Praxis der einzig erstrebenswerte Weg. Kollateralschäden waren da eher ein Zeichen von Erfolg und Ehrgeiz als ein Warnsignal. Von Führung verstand ich erst recht nichts, obwohl ich schon in relativ frühem Alter Teams von bis zu 40 Menschen geführt habe.

Im Nachhinein war wahrscheinlich die Erkenntnis, dass wir keine Ahnung von dem Aufbau einer tollen Organisation hatten und selbst grottige Führungskräfte waren, gepaart mit dem Willen, alles auszuprobieren in unserem Unternehmenslabor einhorn, eine wichtige Voraussetzung für unseren Weg. Ganz besonders prägte eine unserer allerersten Einstellungen, Elisa Naranjo, die unsere Fairstainability-Abteilung aufbaute, unsere Organisations- und Führungskultur. Unter anderem dadurch, dass sie uns nach eineinhalb Jahren fragte, ob wir das Buch *Reinventing Organizations* von Frederic Laloux kennen.

Elisa hat dann auch diese Frage beantwortet: Wie hat sich das Thema Führung bei einhorn über die Jahre entwickelt?

Elisa: Wir wollten Wirtschaft anders denken. Das Team war gewachsen und ich hatte mich mit dem Thema Selbstorganisation befasst. Bei Laloux werden Organisationen beschrieben, die selbstorganisiert arbeiten und einem anderen Unternehmenszweck als Shareholder-Value haben. Als wir das lasen, konnten wir uns total damit identifizieren. Vieles machten wir intuitiv auch. Manches führten wir dann ein: Zum Beispiel schafften wir von einem Tag auf den anderen Tag alle Hierarchien ab. Danach war aber nicht alles rosarot, sondern es entstand ein eher chaotisches Führungsvakuum. Was gute Führung bedeutet, haben wir dann mit der Zeit gemeinsam gelernt. Ich finde es wichtig, den Unterschied zwischen Führung und Hierarchie aufzumachen. Hierarchie und Führung werden zu oft verwechselt. Du kannst beispielsweise hierarchisch oben stehen und trotzdem nicht führen und du kannst auch nur ein »einfaches« Teammitglied sein und trotzdem das Team führen. Wir versuchen bei einhorn ja, Hierarchien abzubauen und selbstorganisiert zu arbeiten. Das heißt aber nicht, dass wir keine Führung haben/brauchen. Wer führt, ist bei uns bloß anders organisiert – zum Beispiel durch gewählte Räte, die für bestimmte Themen für eine bestimmte Zeit gewählt wurden, ein Thema zu führen.

Aber zurück zur Frage: Was macht gute Führung aus? Ich glaube, da gibt es keine pauschale Antwort – unterschiedliche Menschen brauchen unterschiedliche Führungsstile. Eine gute Führungskraft hat ein Gespür dafür und schafft es, auf unterschiedliche Bedürfnisse einzugehen. Sie hört zu, stärkt dem Team den Rücken (selbst wenn das heißt, auf eigene Privilegien zu verzichten oder die eigene Meinung hintanzustellen). Eine gute Führungspersönlichkeit begleitet das Team, die eigenen Antworten und Strategien zu entwickeln, und gewährt dem Team, Fehler zu machen und aus ihnen zu lernen. Sie geht mit gutem Beispiel voran und gesteht eigene Fehler/Schwächen ein.

Es klingt so abgedroschen, aber im Grunde dient eine gute Führungsperson dem Team, ohne dabei sich selbst zu vergessen. Wenn ich das jedoch hier so schreibe, beschreibt das einen ziemlichen »Super«-Menschen. Ich glaube, es ist wichtig, dass die Führungsperson sich auch selbst gut kennt, sich selbst weiterentwickelt und sich als Mensch zeigt. Zeigt, dass sie mal gute, mal schlechte Tage hat, mal die richtigen Fragen stellt und manchmal selbst auch keine Ahnung hat, was die richtigen Fragen sind. Sie zeigt, was er/sie kann und wo auch Grenzen sind. Ich glaube, bei guter Führung geht es am Ende vor allem um eine innere Haltung und darum, dem Team auf Augenhöhe zu begegnen.

Danke, Elisa. Innere Haltung bzw. Inner Work ist für mich nach all den Jahren Coaching bei einhorn der entscheidende Faktor für gute Führung geworden. Wenn wir mit uns selbst nicht klarkommen und einen riesigen Rucksack unverarbeiteter Gefühle, Traumata und Erfahrungen rumtragen, dann können wir kaum den nötigen Riecher dafür mitbringen, was andere Menschen brauchen, um sich zu entwickeln und wohlzufühlen. Einen Rucksack haben wir übrigens alle, deswegen gibt es für mich auch keine geborenen Führungspersönlichkeiten. Gute Führungspersönlichkeiten machen sich auf den Weg, ihren eigenen Rucksack anzupacken.

Was macht denn schlechte Führung für dich aus, Elisa?

Elisa: Als ich anfing zu arbeiten, musste ich erst lernen, dass Führung und Chefsein nicht das Gleiche sind. Ich hatte eine Chefin und dachte, dass ich von ihr lernen kann, dass sie Antworten hat und eine Idee, wie wir als Team da am besten hinkommen. Aber für sie waren wir austauschbar, wir wurden nicht in unseren individuellen Stärken und Schwächen gesehen. Sie hat sich nicht vor uns gestellt, hat Teamerfolge als ihre verkauft und Fehler aufs Team geschoben. Ich habe sehr unter ihr gelitten und tatsächlich auch wegen ihr dann gekündigt (so wie übrigens auch das gesamte Team und auch das Team, das auf uns folgte). Das ist ja das Verrückte an der Hierarchie, dass du als Person »unten« nichts tun kannst, wenn die Person über dir schlecht führt. Das ist ja auch aus Unternehmenssicht völlig unsinnig. Potenzial geht verloren und Kosten zum Beispiel für Recruitment entstehen.

Waldemar, wenn du nochmal fünf Jahre zurückgehen könntest, was würdest du anders machen mit dem heutigen Wissensstand?

Vermutlich würde ich nicht so viele New-Work-Prozesse auf einmal anstoßen. Wir haben uns damit ziemlich überfordert. Vor allem weil wir damals noch nicht an unseren persönlichen Rucksäcken gearbeitet haben und New Work noch keine Inner-Work-Bestandteile hatte. Somit fehlte das nötige Vertrauen zueinander und damit die psychologische Sicherheit, um die vielen Veränderungen mitzutragen.

Elisa: Ja, gerade befassen wir uns viel mit Inner Work und auch damit, die Beziehungen zueinander zu pflegen, Vertrauen und Verständnis füreinander aufzubauen. Ich habe das Gefühl, dass wir gemeinsam wachsen. Und das fühlt sich so richtig an. Ich freue mich schon auf das, was die Zukunft bringt.

Leadership in Zahlen

Nach einer Studie, die die Unternehmensberatung Kienbaum 2021 gemeinsam mit der Job-Plattform Stepstone durchführte, befürworten

94 % der Befragten einen Chef, der vor allem als Vorbild dient und Visionen teilt.

Christina Hoon, BWL-Professorin an der Uni Bielefeld für Wirtschaft und Recht, sammelte zusammen mit der Uni Trier und der Arbeitgeber-Bewertungsplattform Kununu über zwei Jahre lang Stimmen von Mitarbeitenden zu ihren Chefs. Das Ergebnis ist ernüchternd:

In **85 %** der Unternehmen berichten Mitarbeitende über destruktives Chef-Verhalten (Missachtung, Herabwürdigung, Kränkung, Ignoranz …).

Christina Hoon sagt dazu: »Schlechte Führung führt dazu, dass das Führungsklima insgesamt toxisch wird. Es überträgt sich auf andere Führungsebenen und kostet die Unternehmen Geld.«

Rund jedes fünfte Unternehmen gilt als Poor Dog, also als Unternehmen, in dem das Führungsklima schlecht und die Unzufriedenheit der Mitarbeitenden hoch ist.

Gemeinsam mit KRC Research und der Boston Consulting Group hat Microsoft Anfang 2021 untersucht, welche Rolle Empathie in einer hybriden Arbeitswelt spielt. Die Ergebnisse überraschen nicht:

64 % der Mitarbeitenden, die mit einer empathischen Führungskraft arbeiten, geben an, dass sie zufrieden mit ihrem Job sind.

73 % fühlen sich gesehen und wertgeschätzt.

59 % der Befragten geben an, dass die Empathie ihrer Führungskraft sie zu proaktiven Lösungsvorschlägen motiviert.

change

Ninas Geschichte

Umgekrempelt: Alles bleibt anders – warum Change heute zum Unternehmensalltag gehört

> Ohne den permanenten Willen zur Veränderung sind Unternehmen künftig nicht mehr lebensfähig.

Das Thema Change, Veränderung, hat mich mein gesamtes Berufsleben begleitet. eBay hat sich mehr als einmal neu erfunden, die gesamte Organisation regelmäßig auf den Kopf gestellt, neue Wege ausprobiert. Auch bei brands4friends war mein Weg nicht gerade, sondern durch konstante Veränderung gekennzeichnet. Für mich gehört Change heute ebenso selbstverständlich zur Unternehmensrealität wie das Thema Recruiting. Dabei sind die Auslöser für einen Veränderungsprozess extern ebenso zu finden wie intern: Mal ist es ein dynamischer Markt, der eine Anpassung des aktuellen Geschäftsmodells oder der Strukturen verlangt, mal ist es die interne Zielsetzung nach mehr Wachstum oder Kostenreduktion, was eine Veränderung verlangt. Was es braucht, um eine Organisation erfolgreich zu transformieren oder auf einen neuen Weg mitzunehmen, klingt in der einschlägigen Literatur immer deutlich einfacher, als es im Unternehmensalltag tatsächlich ist. So definiert das Gabler-Wirtschaftslexikon »Change« als »die laufende Anpassung von Unternehmensstrategien und -strukturen an veränderte Rahmenbedingungen«. So weit, so gut. Aber was genau bedeutet das für eine Organisation?

Eine satte Organisation ist nie innovativ

Als ich bei brands4friends anfing, empfing mich eine Organisation, die satt war. Mehr als satt. Diverse Kolleg:innen betrieben »Fence-Sitting«, sie saßen gefühlt auf einem Zaun, ließen die Beine baumeln und beschwerten sich. Immer gut genährt von der eBay-Mutter, sprich: mit immer neuem Geld versorgt, bestand für die meisten schlicht keine Notwendigkeit, Strukturen oder Prozesse zu hinterfragen. Das betraf Führungskräfte ebenso wie die Mitarbeitenden. Und dann kam ich. Mit einem neuen Konzept im Kopf und dem festen Willen, diese verkrusteten Strukturen aufzubrechen und radikal zu verändern. Denn das Geschäftsmodell war immer noch ein interessantes, passte in die Zeit und hatte gute Chancen, finanziell erfolgreich zu werden. So stellte ich mich vor die Belegschaft und erklärte, dass das bestehende Geschäft in der jetzigen Form nicht zukunftsfähig sei und wir das Unternehmen komplett verändern müssten, um am Markt weiter zu bestehen bzw. eine Chance haben zu können. Für die meisten war das eine Art Kulturschock. Niemand zuvor hatte sie mit der schonungslosen Wahrheit konfrontiert. Und noch niemand zuvor hatte versucht, die bestehenden Verhältnisse tatsächlich zu verändern. Ich wollte diese Transformation, diesen Neuanfang – und mit der Begeisterung für den Wandel habe ich viele Mitarbeiter:innen überzeugen können, mich auf diesem Weg zu begleiten. Für mich sind es vor allem diese Begeisterung und eine starke Kommunikation, die es braucht, um Transformation und Wandel erfolgreich zu realisieren.

Denkanstoß

Change-Projekte, so stellte Forbes 2019 fest, sind in der Regel wenig erfolgversprechend. Lediglich 30 bis 50 Prozent der angestoßenen Veränderungsprojekte werden erfolgreich zu Ende geführt und erreichen das, was man mit ihnen geplant hat: den Wandel. Warum das so ist, hat der Harvard-Professor und Buchautor John P. Kotter trefflich zusammengefasst. Die klassischen Change-Projekte unterschätzen die menschliche Dimension. Es fehlt ihnen an Akzeptanz und ausreichender Einbindung der Mitarbeitenden. Sie werden am Reißbrett geplant, top-down in die Organisation gepresst und finden auf diese Weise meist ohne Unterstützung in den eigenen Reihen statt. So kann Wandel nicht funktionieren. Denn Veränderungen machen Angst, und jedes noch so gut gemeinte Kommunikationskonzept kann diese Ängste erst einmal nicht verhindern. Was also tun? Kotter plädiert dafür, die Dringlichkeit bzw. die Notwendigkeit der Veränderung klarzumachen. Um so eine kritische Masse an Mitarbeitenden zu erreichen, die sich für den Wandel stark machen. Ohne eine solche Basis müssen Change-Projekte scheitern.

Das Influence-Modell sorgt für Einsicht in Veränderungen

Viele Instrumente und Methoden, die ich heute noch in Veränderungsprojekten nutze, habe ich aus meiner Zeit bei eBay mitgenommen, zum Beispiel das sogenannte Influence-Modell von McKinsey. Wir hatten Hilfe von außen gesucht und einen ehemaligen McKinsey-Berater ins Team geholt, der auf die Begleitung von großen Change-Projekten spezialisiert ist. Und der nutzte das Modell, um die Mitarbeitenden frühzeitig an Bord zu nehmen und zu begeistern. Das Influence-Modell fragt nach den Benefits für den Einzelnen – ganz individuell kann jedermann/jedefrau so herausfinden, was der Change persönlich bedeutet. Es basiert auf vier Eckpfeilern und zeigt, was für den Mitarbeitenden geschehen muss, um die Veränderung mitzutragen. Gefragt wird so zum Beispiel nach der Führungskraft: Was muss sie tun, damit ich als Teil der Organisation den Wandel aktiv mitgestalten kann? Oder wie müssen sich mein Talent, meine Fähigkeiten entwickeln, um Veränderung möglich zu machen? Auch Strukturen und Prozesse werden so hinterfragt. Setzt man ein solches Instrument im Veränderungsprozess frühzeitig ein, kann man Menschen begeistern und Change-Projekte erfolgreich anstoßen und zu Ende bringen. Bei brands4friends habe ich zu Beginn des Prozesses die Mitarbeitenden mit der einfachen Frage »What's in for me?« für den Wandel begeistert. Wie, so fragte ich weiter, muss die ideale Organisation für jeden Einzelnen aussehen, damit er oder sie einen guten Job machen kann. Allerdings: Eine Belegschaft ist nie homogen, sondern immer heterogen. Soll heißen: Es wird immer Menschen in einer Organisation geben, die den Wandel nicht mitgehen werden. Sei es, weil sie Ängste haben, sei es, weil sie mit Unsicherheit nicht umgehen können, oder sei es, weil sie sich nicht mit dem Unternehmen identifizieren wollen.

Miriam sagt: Das Privileg des Gründens: Du umgibst dich in der Startphase ausschließlich mit begeisterten Menschen, die dich oder die Idee des Unternehmens unterstützen. Sie lassen sich von der Euphorie des Anfangens begeistern, ziehen mit dir an einem Strang, tun alles, um aus einem Start-up ein erfolgreiches Unternehmen zu machen. Eine Zeit, die nie wieder kommt, die aber ungeheuer aufregend ist. Vielleicht gründe ich auch deshalb so gern: Ich liebe dieses Fiebern am Anfang, diesen festen Willen, es zu schaffen – das trägt dich und treibt dich zu wahren Höchstleistungen an. Natürlich bleibt das nicht so. Je größer man wird, desto weniger handverlesen werden die Mitarbeitenden, die man gewinnen kann. Das liegt zum einen am bereits beschriebenen War for Talents, zum anderen aber auch daran, dass sich Strukturen und Prozesse etablieren, die sich deutlich von der Startphase unterscheiden. Unterscheiden müssen. Gerade zu Beginn eines neuen Unternehmens ist man unfassbar agil, verändert, passt an, entwickelt sich. Irgendwann aber brauchst du feste Strukturen und Prozesse, etwa im Controlling, Rechnungswesen oder Einkauf, die der Organisation einen Rahmen geben. Die dafür sorgen, dass eine Organisation funktioniert. Auf Dauer macht mich das unruhig. Vielleicht ist das einer der Gründe dafür gewesen, dass ich mein erstes Baby, Ratepay, in die Hände von Nina gegeben habe. Denn dieses Unternehmen, das seit zwölf Jahren am Markt ist, braucht jetzt den Wandel, die Veränderung, die Transformation. Diese Runderneuerung kann man als Gründerin kaum leisten – hier braucht es einen unabhängigen Blick von außen, eine Person, die den Finger in die richtigen Wunden legt.

Ab in die Zukunft

Ratepay stand genau an diesem Punkt, den Miriam gerade beschrieben hat, als ich in das Unternehmen kam. Es war klar, dass es nach knapp elf Jahren Firmengeschichte überall auf organisatorischer, prozessualer und technischer Ebene latent festgewachsene Strukturen gab, die es aufzubrechen galt. Die jahrelange EBITDA-getriebene Organisation hatte Prozesse und Strukturen entwickelt, die überholt werden mussten, weil sie schlicht nicht mehr so gut funktionierten, wie sie sollten. Nicht weil jemand etwas falsch gemacht hatte, sondern weil sich die Zeiten geändert haben, Markt und Kunden deutlich anspruchsvoller und das Unternehmen erwachsen geworden ist. Und: Wir sind nicht länger nur EBITDA-, sondern auch wachstumsgetrieben. Das heißt: Wir bieten unsere Dienstleistungen mittlerweile auch Händlern an, die wir vor ein paar Jahren aufgrund niedriger Deckungsbeiträge abgelehnt hätten. Wir können investieren in neue Mitarbeiter:innen und in neue IT-Strukturen, können uns externe Hilfe an Bord holen, wenn wir sie brauchen. Auch technologisch hat sich unsere Branche weiterentwickelt, sodass wir auch hier massiv eingreifen und technische Schulden abbauen müssen.

Lange Zeit hatte Ratepay aufgrund des schnellen Wachstums nicht die Zeit, sich auf Strategisches zu besinnen, sich auf sich selbst zurückzuziehen und kritisch darauf zu schauen, was den Unternehmenserfolg behindern könnte. Als führender White-Label-Anbieter für Zahlungsarten wie den Rechnungs- und Ratenkauf ist Ratepay exzellent aufgestellt, braucht jetzt aber die Zeit, das bewährte Geschäftsmodell zukunftstauglich zu gestalten und die Organisation auf Skalierung auszurichten. Für Menschen bei Ratepay heißt das vor allem: Change und Transformation. Nicht von heute auf morgen, versteht sich. Wie jede Veränderung brauchte auch diese einen Mindset-Shift bei den Mitarbeitenden, der diesen Wandel erst möglich gemacht hat. Nicht jeder, nicht jede ist den Weg mitgegangen, nicht jeden konnten wir überzeugen oder begeistern.

Bei allem Wandel aber gilt: Ratepay war und ist ein buntes Team, eines, das von Diversität lebt, das auf unterschiedliche Stärken in der Führungscrew setzt und das sich immer noch ein Stück Start-up-Mentalität bewahrt hat. Das macht uns anders als andere und sorgt für die Resilienz, die es braucht, um auch in Zukunft erfolgreich sein zu können. Wir befinden uns in einem hochdynamischen Markt und müssen damit leben, dass es alle zwei Jahre technologische Entwicklungen gibt, die wir mitnehmen müssen, um wettbewerbsfähig zu bleiben, aber auch, um den Markt weiterhin mitgestalten zu können. Jedes Geschäftsmodell ist irgendwann am Ende, hat sich überlebt und muss sich neu erfinden. So gilt es etwa, andere Märkte für sich zu entdecken oder mit seiner Kernkompetenz neue Zielgruppen auf andere Weise zu begeistern.

Denkanstoß

Ein schönes Beispiel für eine gelungene Kehrtwende ist Netflix. Das Unternehmen, 1997 gegründet, hatte sich mit dem Online-Verleih von DVDs einen Namen gemacht – und vielen Videotheken sehr schnell Konkurrenz. Die Idee des DVD-Versands war Firmengründer Reed Hastings übrigens im Fitnessstudio gekommen, wo er seinen Frust über die hohen Gebühren seiner Videothek für ein verloren gegangenes Leihvideo abtrainierte. Sein Geistesblitz während des Trainings: Hier treibe ich Sport so oft und so viel ich will für eine feste monatliche Pauschale, eine Flatrate. Damit war die Grundidee für Netflix geboren – ein Jahr danach ging das Unternehmen an den Start. Das Geschäftsmodell: Gegen eine monatliche Pauschale konnte man sich so viele DVDs ausleihen, wie man wollte. Zehn Jahre boomte das Geschäft mit den Leih-DVDs – nicht zuletzt weil das Unternehmen von Anfang an mit den Daten des Geschäfts arbeitete, seine Nutzer kannte und ihnen so – anders als die Konkurrenz – handverlesene, weil auf das persönliche Userverhalten ausgerichtet, individuelle Leihinhalte anbieten konnte.

Früh erkannte Hastings, dass in einer digitalen Welt mit dem Verleih von DVDs auf Dauer kein Geschäft zu machen sein würde. Und so erfand sich Netflix 2007 neu und setzte auf Streaming, also die Möglichkeit, geliehene Filme auf den heimischen Rechner zu streamen. Die eigentliche Kehrtwende des Unternehmens war der Fokus auf Daten. Bis heute sind die Streaming-Inhalte auf der Startseite eines jeden Accounts individualisiert und werden – Algorithmus-gesteuert – permanent angepasst. Daten und ihre Analyse wurden – und sind es bis heute – die zentrale Komponente des Geschäftsmodells.

Um die Erkenntnisse aus diesen Daten gewinnbringend einzusetzen, setzte Hastings zunehmend auf eigene Inhalte und produzierte sie selbst. Filme und: Serien. Der große Durchbruch der Plattform kam mit »House of Cards«, einer inhouse entwickelten und mit Kevin Spacey und Robin Wright prominent besetzten Serie rund um den Politiker Francis Underwood. Auch hier hatte man sich am User-Interesse orientiert. Das Beispiel Netflix zeigt: Ist eine Organisation wendig und flexibel, weitsichtig und vor allem bereit und in der Lage zur Transformation, dann sind große Innovationen und enormes Wachstum möglich.

Mitarbeitende zu Veränderungsfans machen

Die größte Herausforderung in einem solchen Transformationsprozess ist es, die Mitarbeitenden auf diesem Weg zu erreichen und mitzunehmen, wie es auch der Netflix-Gründer in seinem Buch *No rules* beschreibt. Gerade in solchen Zeiten kommt dem Chef, der Chefin eine ganz besondere Bedeutung zu. Denn: Gerade in Zeiten des Wandels muss ein CEO und mit ihm eben seine Führungsmannschaft Stimmungen, Unsicherheiten und Impulse aufnehmen. Pandemiebedingt konnte ich bei Ratepay zunächst meine große Stärke, die Begeisterungsfähigkeit in der direkten Interaktion, nicht wirklich ausspielen. Virtuell ist es schwierig, ein Feuer der Zustimmung zu entfachen. Es ist mittlerweile trotzdem gelungen. Drei wesentliche Faktoren haben dafür gesorgt, dass Ratepay inzwischen exzellent für künftige Herausforderungen aufgestellt ist: Wir haben viel Wert auf eine ausgewogene und breite Change-Kommunikation gelegt, die Stakeholder bei Nets und Nexi, unseren Eigentümern, ebenso adressiert wie die Mitarbeitenden. Viele virtuelle Meetings, Workshops oder Feedbackrunden haben dafür gesorgt, dass sich die Belegschaft ausreichend abgeholt fühlte. Wir haben uns ausgiebig mit der Ressourcenplanung für den Transformationsprozess befasst: haben ausreichend Mittel bereitgestellt und Mitarbeitende als Change-Agents geschult, die in dieser Rolle die Organisation durch den Prozess begleitet haben. Und meine Führungscrew ist ebenso wie ich mit viel emotionaler Intelligenz und Empathie auf die Teams zugegangen. Gerade in Zeiten des Wandels muss ein CEO und mit ihm eben seine Führungsmannschaft Stimmungen, Unsicherheiten und Impulse aufnehmen. Dieses seismografische Gespür ist für mich in einer solchen Situation essenziell. Wenn ich weiß, wie meine Kolleg:innen ticken, was sie fühlen, was sie umtreibt, kann ich eingreifen, unterstützen, eventuelle Missverständnisse ausräumen.

Transformation, Veränderung braucht Zeit. Zeit, die vor allem in die begleitende Kommunikation gesteckt werden muss. Das ist nicht nur essenziell für den Zusammenhalt im Unternehmen, sondern sorgt auch für wachsende Akzeptanz der Veränderung bei den Mitarbeitenden. Es gilt, die Gründe für den Wandel verstehbar zu machen. Jeder Mitarbeiter, jede Mitarbeiterin muss eingebunden werden und verstehen, was die Veränderung individuell bewirkt. Nur so kann ich letztlich Ängste abbauen und Hürden in der Organisation identifizieren und abbauen. Und das muss ich auch. Denn eins steht fest: Alles bleibt anders, soll heißen: Ohne die Offenheit einer Organisation für kontinuierliche Veränderung, für Transformation oder das Neu-Erfinden wird ein Unternehmen mittelfristig nicht überleben.

Neue Wege gehen: Ratepay in der Transformation

Seit September 2020 stehen wir bei Ratepay an einer dieser Transformationsschwellen: Jesper, mein Vorgänger, der das Unternehmen in einer Doppelspitze mit Miriam, der Gründerin, geleitet hat, war aus der Geschäftsführung ausgeschieden. Ein Jahr später verließ auch Miriam ihr erstes Baby, um sich ganz ihrem zweiten, Banxware, zu widmen. Ich möchte Ratepay mit meinem Team jetzt fit für die nächste Dekade machen. Das heißt: Wir müssen neue Produktwelten entwickeln, technische Schulden abbauen, Prozesse und Strukturen anpassen und die Organisation so aufstellen, dass sie all das auch bewältigen wird. Ich freue mich drauf, weil ich diese Veränderungen liebe – und Veränderungen die Grundlage sind, um im Wettbewerb um die Kundengunst nicht den Anschluss zu verlieren.

Unser Change-Experte Jonathan Sierck

Unser Experte für dieses Kapitel hat mich aufgrund seiner großen Expertise, seiner beeindruckenden Professionalität und seines jungen Alters inspiriert und fasziniert. Jonathan Sierck ist Gründer der vonMorgen Community. Gemeinsam mit seinem Team klärt Jonathan über wichtige Zukunftsthemen auf, macht komplexe Sachverhalte greifbar und vermittelt Future Skills, die Leader von morgen brauchen.

Change als Konstante im Dasein eines Start-ups

Von Jonathan Sierck

Wie Nina hat auch mich das Thema Veränderung, vor allem seit Beginn der Coronapandemie, täglich begleitet und war in all seinen Facetten omnipräsent. Und wie Miriam kenne ich das Privileg des Gründens nur allzu gut. Die Euphorie zu Beginn; die unermessliche Energie, die freigesetzt wird; der Glaube daran, etwas Großes bewirken zu können und dass man mit seinem Team alles schaffen kann und auch schaffen wird – was könnte schöner und aufregender sein als die Aufbruchstimmung unmittelbar nach der Gründung?

Die Pandemie hat mich und unser Start-up knüppelhart gelehrt, was Ben Horowitz in seinem genialen Buch *The hard thing about hard things* mit dem »Struggle« eines Unternehmers meint. Die schlaflosen Nächte, das Gefühl versagt zu haben, nicht wirklich weiterzuwissen, der Falsche für den Job zu sein, dem eigenen Team keine Perspektive mehr bieten zu können – all die Dinge, über die wir Unternehmer nie wirklich sprechen (wollen) –, waren auf einmal real. Seit der Gründung hatten wir mehr als zwei Jahre bitterlich gekämpft, als VR-Training & Mitarbeiterentwicklungsfirma Fuß zu fassen, unseren Business Angels ihr Vertrauen in uns zurückzuschenken und Anfang 2020 standen wir endlich so da, dass unsere Auftragspipeline sich sehen lassen konnte und wir zu Beginn des Jahres damit planen konnten, unsere Umsatzziele zu übertreffen. Wir hatten ein neues, größeres Büro gemietet, damit wir weiter wachsen und unserem Team ein schönes Zuhause bieten konnten. Außerdem hatten wir die Messe München für ein großes Event gemietet, um all die Themen, die uns beschäftigen – die Zukunft des Lernens, der Arbeit, der Leadership-Philosophien und unserer Menschheit –, in einem breiten Diskurs mit internationalen Größen zugänglich zu machen. Wir hatten von über 50 Speaker:innen Zusagen, eine große Online-Marketing-Kampagne kurz vor Launch, zahlreiche Verträge unterschrieben, und von einer Woche auf die nächste war nichts wie davor. Coronabedingt war das anstehende Event unmöglich umsetzbar, unsere Kunden wollten zunächst noch an den Projekten, die schon unterschrieben waren, festhalten und sie in ein paar Monaten umsetzen, und wir wussten erstmal nicht, womit wir zukünftig unsere Miete bezahlen würden.

Zum ersten Mal in zehn Jahren unternehmerischen Daseins und Wirkens gab es Tage, an denen ich aufgestanden bin und nicht wusste: Was kann ich heute voranbringen? Was erzähle ich unserem Team, wenn sie fragen, was sie machen sollen? Woher nehme ich die Energie, mich selbst und vor allem andere zu motivieren und bei Laune zu halten? Unser Geschäftsmodell und unsere Pipeline waren futsch und es war einfach nicht klar, ob sich das wieder ändern würde. Nach einigen Wochen innerer Leere habe ich mich plötzlich an Jim Collins und sein Buch *Good to Great* erinnert gefühlt. Ich musste an seine Bus-Analogie in Bezug auf Menschen denken: Es ist wichtiger, die richtigen Menschen im Bus sitzen zu haben, als die richtige Richtung des Busses zu kennen. Denn mit den richtigen Menschen lässt sich jede Richtung ändern, mit der richtigen Richtung, aber den unpassenden Menschen wird es bei erstem Gegenwind schon schwierig.

Dieser Gedanke hat mir enorme Kraft geschenkt, denn ich wusste: Die richtigen Menschen haben wir, und auf dieser Basis können wir uns neu erfinden. Wir haben uns als Team zusammengesetzt, uns tief in die Augen geschaut und die Entscheidung gefasst, dass wir diese schwierige Phase gemeinsam durchstehen werden, gestärkt aus dieser Krise hervorkommen und die nötige Geduld mitbringen, unseren »Igel« zu finden. Der Igel ist bei Jim Collins das, was großartige Unternehmen ausmacht, ihre Kernidentität und -kompetenz. Das, wofür sie brennen und worin sie glauben, die Besten sein zu können. Das ist zwar für ein Start-up in einer Krise ohne große Cash-Rücklagen unheimlich, weil es so gut wie immer nur um Speed geht, aber in diesem Fall hat die »Burnyour-Bridges«-Metaphorik geholfen, da uns keine andere Wahl blieb. Wir haben mit unseren Business Angels gesprochen, ihnen eingestanden, dass unser ursprünglicher Plan nicht aufgegangen ist, und um weiteres Vertrauen gebeten, dass wir es in der Konstellation unseres Teams trotzdem hinbekommen und alle Hebel dafür in Bewegung setzen werden.

Rückblickend war es ein Segen, dass wir unser gesamtes Geschäftsmodell umkrempeln mussten und »Change« als »Do-or-die-Erfahrung« durchlebt haben. Es hat unsere Sinne geschärft, uns auf das Wesentliche fokussieren lassen und uns eine große Portion Demut, Geduld und Beharrlichkeit gelehrt.

Ich erinnere mich gerne an eine sehr nachdrückliche Erfahrung zurück, als ich noch vor der Coronapandemie auf einer Tour durchs Silicon Valley die Möglichkeit hatte, mich mit den beiden Gründern (Peter Diamandis und Ray Kurzweil) und einigen Professor:innen der Singularity University über sogenannte exponentielle Technologien und die aus ihrer Sicht wichtigsten Zukunftstrends auszutauschen. Der Tenor hätte eindeutiger nicht sein können: Unternehmen, denen es nicht gelingt, sich fortwährend neu zu erfinden und die Mitarbeitenden auf dieser Reise immer wieder abzuholen, zu begeistern und mitzunehmen, werden aussterben. Ihnen wird es ergehen wie Kodak, Nokia, Kettler und vielen weiteren, die sich auf ihrem Vorsprung und ihrer Größe ausgeruht haben und zu spät die Zeichen der Zeit erkannt haben.

Die größte Herausforderung, der Unternehmen ausgesetzt sind, ist die beständig zunehmende Innovationsgeschwindigkeit, die das 21. Jahrhundert mit sich bringt und zwangsläufig dazu führt, dass Produktentwicklungen und Veränderungsprozesse immer mehr Speed gewinnen. Ray Kurzweil spricht hier über das Gesetz der »Accelerating Returns«, was so viel bedeutet wie: Eine Innovation zahlt auf die nächste ein und diese wiederum auf die nächste und so weiter. Das hat ihn vor 20 Jahren zu der Aussage verleitet, dass wir im 21. Jahrhundert eine 200-fache Innovationskraft und Zunahme an neuen Erfindungen erwarten dürfen – im Vergleich zum letzten Jahrhundert. Man kann sich an dieser Aussage mit Sicherheit reiben, vor allem unter ESG-Gesichtspunkten, mit Blick über den Teich oder nach China wird jedoch schnell klar, dass sich die Stimmigkeit und die Tragweite der Aussage nur schwer entkräften lassen.

Um zu vermeiden, ein zweiter Kodak zu werden, will ich aus eigener Erfahrung ein paar Learnings mitgeben, die wir vor allem erster Hand aus der Begleitung einiger Organisationen mitnehmen durften:

1. **Non-Konformität auch mal zulassen:** Genauso wie wir bekanntlich Probleme nicht mehr mit derselben Denkweise lösen können, durch die sie entstanden sind, können wir keine großen Durchbrüche erwarten, wenn nach wie vor konformes Denken und Handeln belohnt wird. Der erfolgreiche Basketball-Coach Phil Jackson hat es schön beschrieben, als er meinte, dass ein unkonventioneller Spieler wie Dennis Rodman den Unterschied für die Chicago Bulls gemacht hätte und gleichzeitig anmerkte, dass Teams zwar nur wenige Kanarienvögel vertragen, diese jedoch enorm wichtig seien. Wenn niemand den Hofnarren spielen und auf blinde Flecken oder Widersprüche in einer Organisation – egal auf welcher Ebene – hinweisen darf, lässt sich Herdendummheit nur selten gänzlich vermeiden.

2. **»Mutig sein« nicht nur predigen:** Veränderung erfordert immer Mut, Hartnäckigkeit und Kommunikationsgeschick. Mut wird dabei schnell als die Tugend schlechthin dargestellt und mutiges Handeln bei jeder Gelegenheit eingefordert. Hier sind vor allem Führungskräfte als Vorbilder gefragt, die es im Zweifel auch mal wagen, für eine mutige Entscheidung den Kopf hinzuhalten. Oft postulierte Fehlerkulturen, die als Basis für Innovationsfähigkeit dienen sollen, können nur dann Wirkung erzeugen, wenn mutige (Fehl-)Entscheidungen nicht zu Gesichtsverlust und Abmahnung führen.

3. **Den Purpose mit Herz und Leben füllen:** Dass das »Warum« in den Vordergrund zu stellen ist, ist mittlerweile überall angekommen. Dass das »Warum« mit Emotion und Einzigartigkeit zu füllen ist, noch nicht. Ein austauschbares Warum, was auf X weitere Läden zutreffen könnte, kann kaum Identifikation und intrinsische Motivation bei den Mitarbeitenden entfachen. Vor allem in einer Zeit, in der es immer schwieriger wird, Top-Talente für sich zu gewinnen, kann ein klares, kantiges, mutiges Warum zum Game Changer werden. Es filtert zudem automatisch die Zielgruppe derer, die sich angesprochen fühlen und damit in Resonanz gehen.

4. **»Mindset-Wandel« greifbar machen:** Dass ein Mindset-Shift erforderlich ist, verdeutlicht die Studie der beiden Zukunftsforscher und Ökonomen Carl Frey und Michael Osborne über die Zukunft der Arbeit. Sie kamen zu dem Schluss, dass die Hälfte aller heutigen Arbeitsplätze in der westlichen Welt schon 2030 nicht mehr existieren werden. Wenn wir als Organisation über ein neues Mindset sprechen, das erforderlich ist – egal ob wir damit meinen, dass es flexibler, agiler, schneller, anpassungsfreudiger oder Ähnliches sein sollte –, sollten wir es, wie den Purpose, mit Leben füllen, greifbar und vor allem erstrebenswert machen. Wandel gelingt für gewöhnlich nur, wenn offensichtlich ist, wofür man etwas Bestehendes aufgibt (vor allem, wenn es erfolgreich ist) und das neue Ufer genügend Reiz versprüht.

5. **Neue Verletzlichkeit, Ehrlichkeit & Weiblichkeit:** Bestehendes zu verändern, erfordert Energie und widerstrebt somit ganz automatisch unserem neurologischen Naturell, das den Weg des geringsten Widerstands liebt. Das dürfen wir uns auch eingestehen, und wir dürfen auch als Führungskraft zugeben, dass uns etwas schwerfällt, dass wir am Kämpfen sind, dass wir etwas nicht wissen und noch keinen klaren Plan haben. Neues zu wagen und mutig zu sein heißt immer auch Ungewissheit, Gefahr zu scheitern und Komfortzone verlassen. Gute Führungskräfte bringen dabei eine integrierte Stärke mit sich, die Schwäche und Verletzlichkeit nicht verneint, sondern mit einschließt, annimmt und zulässt. Integrierte Stärke heißt auch: in einer männerdominierten Welt der zwingend erforderlichen weiblichen Energie Raum zu geben, um gemeinsam die Herausforderungen unserer Zeit zu lösen. Nur stark sein wollen, Ellbogen ausfahren und sich um jeden Preis durchsetzen hat ausgedient.

Neben diesen fünf Punkten möchte ich einen Punkt hier abschließend noch besonders hervorheben, weil er uns tagtäglich bei vonMorgen beschäftigt und im Zentrum unseres Leadership-Programms »Leaders von Morgen« steht: Mitarbeitende, die in Organisationen Führungsverantwortung und Gestaltungsfreiräume haben, Haltung zeigen, einem Wertesystem folgen und regelmäßig den Status quo hinterfragen – unabhängig von der Geschäftsebene – sowie jene, die in solche Positionen reinwachsen wollen, zu befähigen, die Zukunft der Organisation proaktiv mitzugestalten und gemäß relevanter Themen zukunftsfähig auszurichten. Mit »Leaders von Morgen« möchten wir diese Personen inspirieren und ermutigen, Change in ihrer Organisation und somit auch in der Welt zu bewirken.

Jeglicher Wandel ist nutzlos, wenn er nicht zu einem kollektiven Zugewinn an Lebensqualität beiträgt und die Lebensumstände auf unserem Planeten verbessert. Entsprechend ist auch ein gemeinsames Narrativ, wie wir uns Zukunft vorstellen und sie gemeinsam gestalten können, von so hoher Bedeutung. Um ein derartiges Narrativ gestalten zu können, trägt jede Organisation mit ihren Führungskräften die Verantwortung, dem inhärenten Bedürfnis ihrer Mitarbeitenden nachzukommen, sie als Menschen zu sehen, zu entwickeln und ihnen den Raum und Rahmen zu bieten, beständig weiterlernen und den Horizont erweitern zu dürfen.

Wandel findet auf Bewusstseinsebene statt und der Nährboden dafür ist Lernen, neue Erfahrungen machen dürfen und Einblicke zu bekommen, die die Scheuklappen aufmachen. Wer seinem Team das bietet, erzeugt dadurch nicht nur Loyalität, Verbindung und Identifikation, sondern spürt am eigenen Leib: Sinn und Erfüllung kommen dadurch zum Tragen, das Leben anderer nachhaltig bereichert zu haben.

Unsere Change-Expertin Colette Rückert-Hennen

Was Change und Transformation bedeutet, weiß auch Colette Rückert-Hennen, Personalvorständin und Arbeitsdirektorin der EnBW, sehr genau. Hat sich die gesamte EnBW doch neu erfunden und damit die Organisation ziemlich auf den Kopf gestellt. Rückert-Hennen zeigt, wie man in einen Konzernkoloss Bewegung bringt.

»Organisations don't change – people do. Or they don't« (Rick Torben)

Von Colette Rückert-Hennen

Der täglich greifbare und sich weiter verstärkende Wandel verändert nicht nur unsere Gesellschaft. Er nimmt auch massiven Einfluss auf Unternehmen, ihre Geschäftsmodelle und ihre Mitarbeiter:innen und verlangt uns so ein neues Maß an Anpassungsfähigkeit ab – ob als Mensch im privaten Bereich oder im Arbeitsleben. Die Herausforderungen, vor denen meine Branche, die Energiewirtschaft, steht, sind mit wenigen Stichworten umrissen: Wir bei der Energie Baden-Württemberg (EnBW) treiben die Dekarbonisierung Deutschlands voran, bauen unsere Kernkraftwerke zügig und sicher innerhalb einer Generation zurück und entwickeln neue Geschäftsmodelle. Dabei stellen wir uns der fortschreitenden Digitalisierung und nehmen uns aktiv des allgemeinen Wertewandels in unserer Gesellschaft an, um nur ein paar Beispiele zu nennen.

Wir haben erkannt, dass uns diese Veränderungen auf vielen Ebenen herausfordern werden. Der Rückbau konventioneller Erzeugungsanlagen und der parallel vorangetriebene massive Ausbau der erneuerbaren Energien haben unser Kerngeschäft fundamental verändert. Ebenso sind wir auch beim Vorstoß in neue Geschäftsfelder jenseits der Energiewirtschaft enorm gefordert. Und nicht zuletzt gilt es, im reißenden Strudel des Wandels die Menschen bei der EnBW mitzunehmen, sie zu motivieren und bei der Daueraufgabe der Qualifizierung fit zu machen für die Bewältigung der Transformation in ihren jeweiligen individuellen Arbeitsbereichen – Stichwort Beschäftigungsfähigkeit.

Als EnBW werden wir in Zukunft deshalb ein »neues Spielfeld« betreten, auf dem andere Regeln gelten und auf dem auch andere Faktoren zum Geschäftserfolg führen, als wir es in der Vergangenheit mehrheitlich gewohnt waren. Hier stehen wir nicht nur als Organisation vor einer Art »Lernreise«. Auch unsere Mitarbeiter:innen begeben sich auf ein Terrain, das teilweise noch unbekannt ist und deshalb auch mit Unsicherheiten behaftet sein wird. Diese Lernreise führt uns die Notwendigkeit neuer Strukturen vor Augen, neuer Formen der Zusammenarbeit und neuer Kompetenzen. Und sie geht einher mit deutlich veränderten Anforderungen an Führungskräfte und Mitarbeiter:innen.

Während die Transformation das ganze Unternehmen mit seinen verschiedenen Geschäftsbereichen betrifft und dort die kundenzentrierte Ausgestaltung von Abläufen und das Design von Organisationen im Fokus steht, hat HR es sich zur Kernaufgabe gemacht, bei all dem den Menschen in den Mittelpunkt zu stellen. Getreu dem Motto, dass eine Veränderung nur dann erfolgreich und nachhaltig sein wird, wenn sie mit den Menschen gemeinsam gestaltet wird. Wie aber sieht eine solche menschenzentrierte Transformation aus?

Es beginnt mit dem Befähigen der Menschen und endet nicht einfach nur damit, die richtigen Entwicklungsformate zur Verfügung zu stellen. Eine zentrale Aufgabe wird es sein, neue Rahmenbedingungen für die tägliche Arbeit und die Durchsetzung einer Kultur zu etablieren, die dabei hilft, auf individueller wie kollektiver Ebene Leistung zu optimieren. Transformation ist größer als Change, sie geht tiefer und sie wirkt nachhaltiger. Umso wichtiger ist es, dass die Menschen daran teilhaben. Wir sind davon überzeugt, dass HR hier neben kurzfristigen Angeboten und Maßnahmen vor allem auch einen strategischen Ansatz entwickeln muss, der die kontinuierliche Veränderung in sämtlichen Facetten unterstützt.

Die Strategische Personalplanung und unser Kompetenzmodell »EnBWegweiser«

Um die Herausforderungen der Zukunft anzugehen, ist eine andere Art und Weise des Denkens und Handelns gefragt, als dies in der Vergangenheit der Fall war. Dies bedeutet nicht, dass alles, was wir bislang getan haben, schlecht war, ganz im Gegenteil. Alles, was wir bislang getan haben, hat uns zu dem erfolgreichen Unternehmen gemacht, das wir heute sind. Aber: Um auch in der Zukunft erfolgreich zu sein, müssen wir proaktiv sein und uns an die neuen Herausforderungen anpassen. Alte Gewissheiten sind dabei so verführerisch wie gefährlich – denn: »What got us here will not get us there.«

Deswegen haben wir bei der EnBW im vergangenen Jahr die Strategische Personalplanung (SPP) eingeführt und unter dem Namen »EnBWegweiser« ein neues Kompetenzmodell entworfen, das uns hilft, diese neuen Herausforderungen erfolgreich zu meistern.

Im Rahmen unserer Strategischen Personalplanung schauen wir uns genau an, welche Tätigkeiten nach dem heutigen Stand der technischen Möglichkeiten und Geschäftsszenarien sowie der in drei bis fünf Jahren zu erwartenden Entwicklungen ersetzt werden können, also welches Substituierungspotenzial sie haben. Wo heute vielleicht 15 Prozent der Tätigkeiten automatisiert ablaufen, können das in drei bis fünf Jahren bereits 60 bis 80 Prozent sein. Ebenso benötigen wir in dem strategischen Wechsel morgen andere Fähigkeiten als heute. Es ist erfolgskritisch, dies frühzeitig zu antizipieren, um früh- und damit rechtzeitig in die Planung und Vorbereitung von internen Wechselmöglichkeiten zu gehen.

Wir erachten die in unserem Kompetenzmodell EnBWegweiser enthaltenen acht Kompetenzen nicht nur für Führungskräfte, sondern für jede Person in unserer Organisation als relevant. Führungskräften kommt in der Transformation aber eine besondere Rolle zu. Sie sind doppelt gefordert, die Menschen und das Geschäft heute erfolgreich weiterzuführen und gleichzeitig die Transformation ihrer Organisation anzustoßen und zu begleiten. Organisationen können sich nicht schneller entwickeln als ihre Führungskräfte – die individuelle und kollektive Entwicklung der Führungsmannschaft ist deshalb eine notwendige Voraussetzung für die Transformation.

Es geht darum, Menschen eine bewusste Auseinandersetzung über die Herausforderungen der Zukunft zu ermöglichen und das dafür notwendige Mindset und die erforderlichen Fähigkeiten zu entwickeln. Unsere Philosophie ist nicht, dass jeder in allem großartig sein muss – das wäre utopisch. Aber wir wollen schlagkräftige Teams, die als Kollektiv gemeinsam an Aufgaben und Projekten arbeiten und diese zum Erfolg führen. Damit gehen wir weg vom Einzel-Heldentum und vom selbstbezogenen Handeln hin zu einer Kultur der gegenseitigen Unterstützung und der Wertschätzung individueller Stärken und Beiträge – unter dem Prinzip der Anerkennung jedes Individuums in ihrer und seiner Einzigartigkeit.

Relevanz von Führung auf der EnBW-Wachstumsreise

Dieses Zielbild vor Augen, werfen wir einen genauen Blick darauf, welche Einflussfaktoren einen wissenschaftlich fundierten Einfluss auf die Performance haben: Zum Beispiel wissen wir, dass »einfache Momente positiver Interaktion« mit der Führungskraft Effizienz, Motivation, Kreativität und Produktivität von Mitarbeiter:innen steigern. Wie können wir als Führungskräfte also mehr solcher Momente erzeugen?

Aus Metaanalysen von über 200 Studien wissen wir zudem, dass extrinsische Anreize, zum Beispiel Boni, zu einer höheren Quantität an Arbeit von Mitarbeiter:innen führen. Das sagt allerdings noch lange nichts über die Qualität der geleisteten Arbeit aus. Die Wissenschaft misst der intrinsischen Arbeitsmotivation hier eine weitaus wichtigere Rolle bei, vor allem bei komplexen Jobs.

Wir glauben, dass wir sogar mit einigen der beständigsten Management-Mythen aufräumen sollten: etwa mit der Annahme, dass Manager:innen in erster Linie sicherstellen und kontrollieren müssen, dass die Leute ihren Job machen. Im traditionellen Management wurde dies als Kernaufgabe angesehen und das ist bis heute noch weitverbreitet. Dabei kommt die Forschung hier zu eindeutigen Erkenntnissen: Die Leistung von Mitarbeiter:innen im Detail zu überwachen, führt zum exakten Gegenteil der eigentlichen Intention, nämlich zu einem Nachlassen von Leistung. Menschen fokussieren sich unter solchen Arbeitsbedingungen mehr darauf, vor dem/der Chef:in gut auszusehen, anstatt tatsächlich qualitativ gute Arbeit zu leisten. Wie können wir also sicherstellen, dass wir diese Art der Führung nicht am Leben erhalten, sondern dass wir unseren Leuten mehr vertrauen? Und was hält uns dabei zurück?

Bei der ganzen Auseinandersetzung geht es allerdings nicht einfach darum, dass alle zu jeder Zeit zufrieden sind, das muss ganz klar sein. Die Annahme, dass zufriedene Mitarbeiter:innen grundsätzlich bessere Leistungen erzielen, kann wissenschaftlich nämlich ebenfalls nicht 1:1 bestätigt werden. Was aber definitiv relevant für Performance ist, ist die Möglichkeit und Fähigkeit der Menschen, ihre Rolle so auszufüllen und zu gestalten, dass die Arbeit für sie an Bedeutung und Wert gewinnt. »Sinnstiftung« hört sich vielleicht im ersten Moment wie ein softes Thema an, ist aber absolut essenziell, wenn es um Unternehmensperformance geht.

Eine lange Reise beginnt immer mit dem ersten Schritt. Den haben wir bereits getan. Wir kennen das Ziel, aber nicht alle Stolpersteine, die auf unserem Weg liegen. Deshalb gehen wir vorsichtig und aufmerksam voran, aber stetig und kraftvoll.

Change in Zahlen

Porsche Consulting, Change Management Kompass 2020 – befragt wurden 90 Führungskräfte der umsatzstärksten deutschen Unternehmen:

80 % aller Transformationsprozesse erreichen nicht das gewünschte Ziel.

Lediglich **20 %** der Projekte sind erfolgreich.

77 % der Befragten machten unzureichende Kommunikation für das Scheitern der Transformation verantwortlich.

73 % begründen das Scheitern mit unzureichender Führung.

71 % beklagten die mangelnde Beteiligung der Mitarbeitenden.

51 % sahen in der unzureichenden Qualifizierung der Beteiligten das Scheitern begründet.

Über **95 %** halten das konsequente Vorleben der Veränderung und eine stärkere Führungsallianz für Schlüssel einer erfolgreichen Veränderung.

#krise

Ninas Geschichte

Tribut an die Krise und an eine Fehlerkultur, die ihren Namen auch verdient. Oder: Wie wir lernten, Fehler und Krisen zu meistern

> Krisen und Fehler sind einzigartig, aber der Umgang mit ihnen nicht.

Jahrzehntelang war das öffentliche Eingestehen von Fehlern eher selten, glich einem halbherzigen Erklärungsversuch oder kam oftmals zu spät. Man denke an Martin Winterkorn, den Ex-Chef von VW, und dessen unrühmliche Rolle im Dieselskandal des Hauses. Monate nach Bekanntwerden der Affäre stellte er sich der Öffentlichkeit und entschuldigte sich. Nicht ohne allerdings durchblicken zu lassen, dass er von all dem nicht wirklich etwas gewusst habe. Klar ist: Die manipulierende Abgasvorrichtung hat nicht nur ein einziger Ingenieur verbaut. Sicher auch nicht ohne das Wissen seiner Chefs. Wie tief der über 70-Jährige an der Skandalgeschichte beteiligt war, bleibt abzuwarten. Jedenfalls darf man gespannt sein, was das Oberlandesgericht Braunschweig in dieser Sache an Indizien, Geschichten und Beweisen alles zutage fördern wird. Fakt ist jedenfalls – und so viel weiß man bislang: Winterkorn kannte die Geschichte und hat die Öffentlichkeit belogen. Und damit die eigentliche Krise des Konzerns kommunikativ nochmals zusätzlich befeuert und deutlich skandalöser gemacht. So stellt dann auch der PR-Trendmonitor im September 2020 fest, dass PR-Krisen oftmals durch das Vertuschen von Management-Fehlern ausgelöst werden.

Prägende Fehler

Fehler oder Fehlentscheidungen gehören zu unserem Alltag, jeder und jede erlebt sie, ob im Beruflichen oder im Privaten. Allerdings: Der Umgang mit ihnen will gelernt sein und hängt von unserem Umfeld, unseren Erfahrungen und unserer inneren Stärke ab. Und offenbar auch vom Geschlecht. Denn: Männer, so stellt unter anderem der Sachbuchautor und Managementberater Ben Schulz fest, haben selten gelernt, mit Fehlern vernünftig umzugehen. Nicht zuletzt ist das gesellschaftlich und damit stereotyp verankert: Verliert ein Mann zum Beispiel durch einen Fehler seinen Job, verliert er auch die Stellung als Ernährer der Familie. Und damit deutlich an Gesicht. Letztlich geht jede:r von uns anders mit Fehlern und den Krisen, die sich daraus ergeben können, um. Verarbeitet sie anders, reagiert anders. Miriam und ich sind beide Menschen, die an Krisen gewachsen sind und wachsen; inzwischen haut uns so leicht nichts mehr um.

Eine meiner größten beruflichen Fehlentscheidungen habe ich bei brands4friends getroffen – eine Entscheidung, die ich nicht rückgängig machen konnte und die letztlich dafür gesorgt hat, dass ich das Unternehmen schließlich verlassen habe. Ich leitete vor wenigen Jahren den Verkaufsprozess. eBay wollte sich wieder auf sein Kerngeschäft konzentrieren und suchte einen Käufer für brands4friends. Wir haben viele Investorengespräche geführt, diverse Verhandlungsrunden gedreht. Darunter auch mit einigen Private-Equity-Gesellschaften. Zwei waren schließlich übrig geblieben, die das M&A-Team von eBay und ich uns als neue Besitzer sehr gut vorstellen konnten. Die Due Diligences hatten wir schon fast erfolgreich abgeschlossen, als überraschend ein neuer amerikanischer Player ins Spiel kam. Er machte uns ein Angebot, das finanziell deutlich attraktiver war als alles, was bislang auf dem Tisch lag. Auch das Portfolio schien zu passen, die Synergien attraktiv. Es sah nach einem optimalen Deal aus – den wir dann auch abschlossen.

Kurz nach Unterzeichnung der Verträge wurde sehr deutlich, wohin die Reise gehen sollte: Der neue Eigentümer bestand auf kurzfristiger Profitabilität – um jeden Preis. Mein Drei-Jahres-Plan, den ich aufgestellt hatte, interessierte niemanden mehr. Massive Restrukturierung war angesagt, und das hieß vor allem eins: Entlassungen und Kosteneinsparungen. Wir mussten uns von sehr guten und daher teuren Leuten trennen, die Kernmannschaft deutlich verkleinern und damit schrumpfenden Umsatz in Kauf nehmen. Um welchen Preis ... Mir bescherte die Situation etliche schlaflose Nächte und die Erkenntnis, dass ich den aggressiven Plan der neuen Eigentümer nicht mittragen wollte, in dieser Form moralisch auch nicht konnte. Ich realisierte, dass ich im davor liegenden Verkaufsprozess einen entscheidenden Fehler gemacht und mich mit meinem Managementteam für den falschen Käufer entschieden hatte. Bis heute bereue ich die damals getroffene Entscheidung, die ich zwar nicht allein zu verantworten hatte, die mich persönlich aber bis heute tangiert.

Miriam sagt: Ich bin, neben Christian Vollmann, Vorsitzende des Beirats der jungen digitalen Wirtschaft. Gemeinsam mit 28 Kolleg:innen beraten wir ehrenamtlich das Bundeswirtschaftsministerium in Sachen Digitalisierung und Start-ups. Ein spannendes Gremium mit spannenden Menschen, die natürlich nicht immer einer Meinung sind. Im Sommer 2021 – während meines Sommerurlaubs – gelangte ein Papier (vermeintlicher Absender: der Beirat) an die Öffentlichkeit, das in einem Absatz eine Disziplinierung der Presse forderte. Ein Papier mit einer Einzelmeinung, welche im Beirat heftig kritisiert wurde und in keinster Weise die Meinung der anderen Beiratsmitglieder widerspiegelte. Aufgrund fehlerhafter Prozesse gelangte dieses Papier mit den nicht abgestimmten Punkten an die Öffentlichkeit. Schon nach wenigen Stunden befanden wir uns im Mittelpunkt eines medialen und socialmedialen Shitstorms. Wie agiert man, wie kommuniziert man in einer solchen Situation? Vor allem, wenn man als einigermaßen bekannte Person selbst im Zentrum eines solchen Sturms steht? Klar, jeder weiß: Krisenkommunikation muss immer schnell, offen, transparent und authentisch sein. Aber auch überlegt: Eine missverständliche Bemerkung kann als Brandbeschleuniger die Situation nochmals deutlich befeuern. Und ich hatte aus vergangenen Krisen eins mitgenommen: Es braucht einen kühlen Kopf, um Krisen meistern zu können. Und für einen solchen helfen Fakten ungemein.

Schnell stellte sich heraus, dass dieses Papier nur deshalb an die Öffentlichkeit gelangen konnte, weil unsere internen Kontrollmechanismen versagt hatten. Kein anderes Mitglied des Beirats kannte das Papier in dieser Fassung, keiner hätte es je so unterzeichnet, geschweige denn als Empfehlung an das Ministerium weitergegeben. Gemeinsam mit Christian und einem PR-Team verfassten wir ein Statement, distanzierten uns von den Aussagen, entschuldigten uns öffentlich und stellten nochmals klar, wie wichtig uns die Pressefreiheit ist. Damit war es natürlich nicht getan: Wir mussten aufräumen im Beirat und suchten gemeinsam mit dem Ministerium nach Lösungen für ein funktionierendes Kontrollsystem.

Und: Wir sind jetzt sehr viel akribischer mit unseren öffentlichen Papieren und Statements und haben eine neue Governance, die wir einstimmig beschlossen haben. Für mich persönlich war diese so öffentlich ausgetragene Geschichte extrem hart. Besonders im Bereich Social Media war der Shitstorm sehr verletzend und nur noch selten sachlich. Ich habe mir das Ganze sehr zu Herzen genommen, es hat mich belastet, dass ich hier nicht genauer hingeschaut habe. Und es hat mich gelehrt, dass ich künftig bei der Übernahme eines Ehrenamtes genau abwäge, wie und in welchem Umfang ich mich einbringen kann.

Fakt ist: Wenn man einen Fehler gemacht hat, kommt man um eine Entschuldigung nicht herum. Zumindest ist sie ein guter Anfang. Nicht jeder Fehler verlangt nach einer öffentlichen Entschuldigung, wohl aber nach einer persönlichen Aufarbeitung. Und einem Learning, das einen davor bewahrt, den gleichen Fehler noch einmal zu machen. Gerade dieses Beiratsbeispiel von Miriam zeigt das überdeutlich.

Miriam sagt: Ein zweites für mich prägendes Fehlerbeispiel dreht sich um eine falsche, nicht zu Ende deklinierte Management-Entscheidung. Wir hatten uns entschieden, unsere Teams cross-funktional und agil zu strukturieren. Auch den Vertrieb. So sollte die Verkaufsmannschaft nach ähnlich agilen Prinzipien arbeiten wie der Tech-Bereich. Die Umstrukturierung ging gründlich schief. Keiner fühlte sich mehr verantwortlich. Das Resultat: eine leere Pipeline. Nach einem Jahr haben wir die Organisation erneut auf den Kopf gestellt und zurückabgewickelt. Diese neue Organisationsform war im Rückblick eine krasse Fehlentscheidung, die zwar Gott sei Dank ohne große Konsequenzen blieb, bei mir aber viel Verärgerung und Unzufriedenheit zurückließ.

Große Konzerne tun sich mit Reorganisationen und Restrukturierungen deutlich leichter als kleinere Unternehmen. Allerdings: Um eine ganze Organisation komplett zu drehen, braucht es einige Jahre. So fallen nicht gelungene Re-Orgs einfach weniger auf. Der Grund, warum ich mich bei eBay fast jedes Jahr in einer neuen Funktion wiederfand, lag unter anderem darin, dass der Konzern sich organisatorisch regelmäßig neu erfand. Reorganisation, Change und damit Veränderungsmanagement waren die Folge. Und für mich damit gelernt. Für mich ist die Reorganisation, die Miriam bei Ratepay anstieß, daher auch keine wirkliche Fehlentscheidung, sondern eine notwendige Anpassung des Unternehmens an sich verändernde Marktverhältnisse. Auch wenn sich nach einem Jahr herausstellt, dass die Organisation nicht mitgegangen ist, das Vorhaben also gescheitert ist. Man muss sich bewegen, sonst wird man bewegt. Daher ist für mich konstanter Change und der Umgang mit Veränderung eine wesentliche Komponente moderner Unternehmensführung.

Zu Fehlern gehört eine unternehmerische Fehlerkultur, die implementiert und vorgelebt wird. Je offener und transparenter in einer Firma mit falschen Entscheidungen umgegangen wird, auch mit denen der Unternehmensführung, desto besser für die Organisation, die sie tragende Kultur und ihre Innovationskraft. Dann trauen sich Mitarbeiter auch eher, Dinge einfach mal auszuprobieren – eine der wichtigsten Voraussetzungen für Innovation, gerade in der Tech-Branche, wo wir mit vielen Initiativen und Entwicklungen immer wieder Neuland betreten.

Denkanstoß

Der große Wirtschaftsökonom Joseph Schumpeter wusste schon 1911, dass Krisen echte Chancen sind. Er entwickelte seine These von der »schöpferischen Zerstörung«, die für Innovation, Fortschritt und Wandel sorge. Tröstlich – aber nicht, wenn man mitten in einer solchen Krise steckt. Es gibt kein Patentrezept, wie man solche Situationen am besten meistern kann, wohl aber einige Strategien, die sich als sehr hilfreich erweisen. Die Journalistin Susanne Bachmann und Professorin Anabel Ternès haben in der zweiten Auflage ihres Buches zur Krisenkommunikation *Effiziente Krisenkommunikation – transparent und authentisch* zehn goldene Regeln formuliert, an denen man sich orientieren kann. Eine von ihnen lautet: »Agiere, bevor es andere tun.« Schnell, professionell und authentisch solle man dabei vorgehen. Damit gemeint ist die Themenhoheit, die man sich auch in den düstersten Zeiten nicht aus der Hand nehmen lassen darf. Und in der Tat: Je schneller ein ins Gerede gekommenes Unternehmen oder eben Beirat selbst zur Sache kommuniziert, desto besser. Denn je schneller man ist, desto eher ist die Öffentlichkeit, sind die Medien offen für die eigene Darstellung, heißt es im Buch zur Begründung. Natürlich ist die Geschwindigkeit nicht alles: Es muss auch wahrhaftig bleiben, was man in den ersten Stunden einer Krise von sich gibt. Auch wenn man zu diesem Zeitpunkt noch nicht alle Details kennt, so sollte man den Willen zur Aufklärung, zur Bereinigung der Situation erklären. Abducken ist in Fällen wie diesen jedenfalls keine Option.

2014 ereilte es eBay, meinen ehemaligen Arbeitgeber: Der Konzern war gehackt worden, 145 Millionen Kundendaten waren betroffen. Konzerne dieser Größenordnung müssen natürlich immer mit Krisen rechnen, stellen dazu auch entsprechende Krisenpläne und -stäbe auf, haben ein Krisenhandbuch für solche Fälle in der Schublade. Bei aller Vorbereitung: Man ist selten für alle Eventualitäten gewappnet. Und doch helfen genau solche Instrumentarien, sicher die Situation zu meistern. Bei eBay passierte das – jedenfalls habe ich das so erlebt – vorbildlich: Nicht nur, dass der gesamte Konzern eine einheitliche Sprachregelung für die Situation vorliegen hatte. Binnen kürzester Zeit waren die Datenschutzbehörden, die Öffentlichkeit, die Mitarbeitenden unterrichtet. Und: Binnen kürzester Zeit hatte eBay ein globales Lösungsmodell entwickelt, das den Schaden für die Kunden begrenzen sollte. Jeder eBay-Kunde wurde informiert und gebeten, sein Konto mit neuen Anmeldeinformationen zu schützen. Jeder, der das nicht tat, war nicht mehr Kunde auf der Plattform. Auch wenn das Unternehmen hier einen beispielhaften Krisenumgang zeigte, der Schaden in Sachen Kunden, Bilanz und Reputation sollte eBay noch Jahre beschäftigen.

Eine ähnliche, wenn auch eine deutlich kleinere und nicht so öffentliche Krise habe ich einige Jahre später bei brands4friends erlebt. Hier ging es um die Bereinigung der Kundendatenbank. Nicht aktive Kunden mussten angeschrieben und erneut zur Zustimmung aufgefordert oder aus der Datenbank gelöscht werden. Dummerweise hatte der globale Dienstleister, mit dem wir an dieser Stelle zusammenarbeiteten, einen Programmierfehler in der Software, der dafür sorgte, dass auch Kunden angeschrieben wurden, die schon längst keine mehr waren, die uns das auch mitgeteilt hatten und deshalb gar nicht mehr in unserer Datenbank zu sehen waren. Einige wenige dieser ehemaligen Kunden zeigten uns bei der Datenschutzbehörde an. Nur die rasche Aufklärung der Geschichte und die enge Zusammenarbeit mit den Datenschützern hat uns vor schlimmeren Folgen bewahrt.

Miriam sagt: Bei Ratepay hatten wir auch diverse Krisen zu bewältigen – eine war in den Anfangsjahren; sie jagt mir beim Rückblick noch heute Schauer über den Rücken. Vermutlich, weil sie auch deutlich schlimmer für uns hätte ausgehen können, als sie es dann tat. Wieder einmal war ich im Urlaub, wieder einmal hatte ich Geburtstag, als der Notruf aus der Firma kam: Unsere Systeme stehen still! Eine echte Katastrophe für uns, aber vor allem für unsere Händler, die über uns ihre Zahlungen abwickelten. Das konnten sie nun nicht mehr. Anderthalb Tage lang stand alles still. Hier half nur transparente und ehrliche Kommunikation mit den Kunden. Eine schreckliche Situation, die zwar einer unserer Dienstleister verschuldet hatte, die aber natürlich an uns hängen blieb. Wir haben danach erst einmal das ganze Set-up auf den Kopf gestellt und verändert.

Eine weitere Krise ereilte uns viele Jahre später am Black Friday. Mitten während dieses Mega-Shopping-Events stand plötzlich alles still, bis auf die Beschwerden unserer Kunden. Neben der Schadensbegrenzung, in erster Linie durch den Versuch, die Kunden zu beruhigen, suchten wir fieberhaft nach dem Fehler im System. Wir fanden ihn nicht. Erst der kleinlaute Anruf eines Mitarbeiters, der nach Hause gegangen war, nachdem er eine minimale Änderung im System eingestellt hatte, brachte uns die Lösung: Nachdem wir den Bug bereinigt hatten, lief alles wieder. Und die Kunden? Haben sich bei uns bedankt – weil wir in Echtzeit kommuniziert haben, dabei offen und transparent geblieben sind. Das Management diskutierte anschließend, ob dem Mitarbeiter nicht fristlos zu kündigen sei. Ich habe mich vehement dagegen ausgesprochen und konnte mich auch durchsetzen: Entlassen wir als Konsequenz eines Fehlers einen Mitarbeitenden, können wir davon ausgehen, dass unsere Fehlerkultur keine mehr sein wird. Denn aus Angst vor Konsequenzen werden die Kolleg:innen schweigen, anstatt Fehler zuzugeben. Mir hat diese Geschichte vor allem eins deutlich gemacht: Eine gelebte Fehlerkultur sorgt für Vertrauen in der Belegschaft, für selbstbewusste Mitarbeitende und Führungskräfte, die zu ihren Fehlern stehen können. Und: Sie sorgt im Krisenfall für ein besseres Handling eines solchen. Bis heute halte ich es so, dass ich Kolleg:innen ermutige, offen mit Fehlern umzugehen. Der offene Umgang mit Fehlern ist Teil unserer Unternehmens-DNA.

Corona, Mobile Office und Wirecard – das waren die Schlüsselbegriffe, die meinen Start bei Ratepay kennzeichneten. Der Wirecard-Skandal betraf auch uns, denn Wirecard war unser Bankpartner für das Ratengeschäft. Bei Ratepay sind die Händler, also unsere Kunden, immer abgesichert, denn wir tragen das Ausfallrisiko, ob der Endkunde nun zahlt oder nicht. Diesen Gap zwischen Händlerauszahlung und Bezahlung durch den Endkunden refinanzieren wir, und dafür hatten wir Wirecard als Partner. Wirecard stand nun nicht mehr zur Verfügung, wir mussten schnell einen neuen Partner für das Ratengeschäft suchen und finden. Als wäre das noch nicht genug, informierte uns einer unserer größten Kunden, dass er von seinem Kündigungsrecht Gebrauch machen und uns zum Jahresende verlassen wollte.

Gleichzeitig wuchsen wir durch Corona und die raketenhaften Wachstumszahlen im Onlinehandel deutlich schneller als geplant, sodass wir einen neuen Finanzierungspartner noch dringender brauchten als ohnehin schon. Mitten in der Pandemie, während alle im Mobile Office saßen, war ich jeden Morgen im Krisenmodus. Täglich mussten wir uns neu mit dem Thema Liquidität befassen und damit, wie wir einen neuen Bankpartner anbinden sowie in kürzester Zeit ein neues Ratenprodukt bauen und ausrollen können. Managen auf Distanz nennt man das wohl. Das war ein schwieriger Start, aber keiner, der mich so leicht umwerfen konnte. Jetzt erst recht, sagte ich mir, es gibt für alles eine kreative Lösung. Und wir lösten die Probleme: Ein neuer Bankpartner kam an Bord und wurde rechtzeitig angebunden, der große Kunde ließ sich überzeugen, bei uns zu bleiben, und dann entwickelten wir auch noch erfolgreich das neue Ratenprodukt, das uns für den Markt noch attraktiver machte.

Mir hat diese Dreifachkrise vor allem drei Dinge deutlich gemacht: Erstens, es hätte auch anders und gründlich schief ausgehen können.

Zweitens: Bewahre einen kühlen Kopf, auch und besonders im vermeintlichen Riesenchaos. Und drittens: Ohne ein überragendes Team im Hintergrund hätten wir diese Krisen nicht meistern können.

Miriam sagt: Bahnt sich eine Krise an, sieht man zunächst nur die Schwierigkeiten, die bewältigt werden müssen. Oft ist man auch erst einmal geschockt, wenn man sieht, welche Welle da auf einen zurollt. Aber natürlich hat Nina recht: Die Erfahrung hat gelehrt, meistens gibt es Lösungen und Wege, die aus der unsäglichen Situation herausführen. Auch wenn sie sich nicht gleich erschließen. So geschehen an einem Freitag im Jahr 2013: Ein Brief der obersten Bankaufsichtsbehörde, der BaFin, landete auf meinem Tisch. Ratepay, so hieß es in dem Schreiben, agiere illegal und brauche für diese Art des Geschäftes eine ZAG-Lizenz (im Zahlungsdiensteaufsichtsgesetz, dem ZAG, sind seit 2009 die Regeln für Zahlungsdienstleistungen festgeschrieben, die BaFin sorgt für ihre Einhaltung). Wir hatten bis zu diesem Zeitpunkt noch keine, hatten uns auf unsere Anwälte verlassen, die uns gesagt hatten, dass wir keine benötigen. Die Ansage war unmissverständlich: Entweder wir bemühten uns um die Lizenz, oder wir müssten in 14 Tagen schließen. Das saß. Klar war: Ich wollte Ratepay nicht aufgeben, ich wollte weitermachen, weil ich an unser Produkt, an unser Unternehmen glaubte. In Abstimmung mit dem Shareholder beantragten wir die ZAG-Lizenz – ein Verfahren, das etwa zwei Jahre dauerte und von einem Wust an Formularen und zahlreichen Gesprächen begleitet wurde. Die Lizenz haben wir seit 2016, und Ratepay ist zum Glück weiterhin auf Wachstumskurs.

Denkanstoß

Krisen – egal ob sie nach außen gelangen oder sich nur im Inneren eines Unternehmens abspielen –, meistert man nur, wenn man kommuniziert. Mit dem Management, den Mitarbeitenden – bitte immer zuerst –, mit den Medien und damit der Öffentlichkeit. Je offener und transparenter die Kommunikation ist, desto besser für die Bewältigung der Krise. Bachmann und Ternès empfehlen darüber hinaus, für Krisen zu trainieren und Standards für Prozesse und die

Kommunikation zu entwickeln, die man in bedrohlichen Situationen abspulen kann. Und noch einen goldenen Tipp haben die beiden Autorinnen parat: Knüpfe ein Netzwerk, das dich durch die Krise trägt. Gemeint sind Multiplikatoren, die in der Öffentlichkeit für krisengebeutelte Unternehmen oder Unternehmer:innen die Stimme erheben und sachlich, neutral kommunizieren. Ein besonders prominentes Beispiel war seinerzeit der Fall Uli Hoeneß. Der ehemalige FC-Bayern-Boss hatte sich eine eigene Lobby aufgebaut, die ihn nach seinem steilen Fall schnell wieder in Amt und Würden brachte. Die eigene Reputation ist also in Krisenzeiten ein Instrument, das den Unterschied machen kann.

Alle Krisen sind letztlich überwindbar – das jedenfalls haben wir bei all unseren durchlaufenen Krisen gelernt. Aber: Krisen berühren einen immer – Miriam genauso wie mich. Krisen bringen es meist mit sich, dass man als Führungskraft schnelle und mitunter harte Entscheidungen treffen muss. Das fällt mir manchmal immer noch schwer, auch wenn es mit der Zeit leichter wird. Ein Beispiel: Natürlich ist die Entlassung von Mitarbeitenden bis heute etwas, das ich nicht gerne mache. Aber: Im Gegensatz zu früher, als ich versuchte, meine Entscheidungen zugunsten meines Gegenübers in Zuckerwatte zu verpacken und damit im schlimmsten Fall Verwirrung stiftete, habe ich mir inzwischen angewöhnt, in diesen Gesprächen sehr offen und klar Stellung zu beziehen, transparent aufzuzeigen, was gut lief und was weniger gut. Und warum es letztlich nicht mehr passt. Solche Gespräche bereite ich akribisch vor, denke mögliche Einwände mit, beschäftige mich intensiv mit dem Menschen, der da vor mir sitzen wird. Aber: In der Sache geschieht das alles heute mit einer gewissen professionellen Distanz – ich lasse die Themen nicht mehr so nah an mich heran wie noch vor einigen Jahren. Auch das gehört für mich übrigens zum Thema Leadership: der professionelle Umgang mit schwierigen Themen – natürlich mit Empathie und Menschlichkeit.

Miriam sagt: Krisen zu meistern, gelingt auch mir immer besser – gerade meine persönliche krankheitsbedingte Krisengeschichte hat mich gelehrt: Der Job, das Business, die Firma – all das verliert an Bedeutung, wird klein angesichts solch großer persönlicher Herausforderungen. Auch wenn ich diese Geschichte damals schlicht »weggearbeitet« habe, mir keine Zeit für mich genommen habe: Die Erkenntnis, dass es Situationen gibt, die du nicht beeinflussen kannst, hilft mir bis heute enorm bei Konflikten oder Krisen.

Etwas, was mich nachhaltig bis heute durch jede Krise trägt, ist eine eBay-Geschichte und das Learning daraus. Es war die Zeit, als eBay und PayPal noch zusammengehörten – und es, wenn es nach dem damaligen CEO gegangen wäre, auch bleiben sollten. Immer wieder wurde das Thema Trennung oder Nichttrennung konzernweit, vor allem natürlich im Board, aber auch öffentlich diskutiert. Jahre, in denen der CEO immer wieder predigte, wie sinnvoll die Zusammengehörigkeit beider Unternehmen für den Konzern sei und uns das einen entscheidenden Wettbewerbsvorsprung vor der erwachenden Konkurrenz bringe. Dann entschied der Aufsichtsrat, in dem damals vor allem Cash-orientierte Shareholder saßen: PayPal und eBay gehen getrennte Wege. Mein CEO musste jetzt der Organisation klarmachen, wie sinnvoll diese Trennung doch sei – er musste also eine komplett andere Geschichte erzählen als die, von der er überzeugt war. Transparent und dabei sehr authentisch begleitete er den Konzern durch diesen Verkaufsprozess – ohne dabei seine ursprüngliche Haltung zu verraten. Er erklärte schlicht, wie es dazu gekommen war.

Als sogenanntes Critical Talent bin ich ihm bei den für den Nachwuchs organisierten Mentoring- und Coaching-Runden immer wieder einmal begegnet und habe ihn irgendwann gefragt, wie er diese Situation für sich gemeistert habe. Er sagte damals etwas, was ich mir bis heute zu Herzen nehme: Man muss sich in einer solchen Situation zurücknehmen und fragen: »Was lerne ich hier gerade, was kann ich daraus für mich persönlich mitnehmen?« Jede Krise, jede negative Situation stört die Normalität, irritiert die Komfortzone, in die es uns ja alle zieht. Ich merke das inzwischen sofort, atme tief durch und reflektiere für mich, was die Situation mir zeigt und wie ich sie schließlich so nutzen kann, dass möglichst alle Beteiligten lernend, aber unbeschadet wieder auftauchen können. Das hilft auch in Konfliktsituationen, zum Beispiel dann, wenn Meinungen hart aufeinanderprallen. Ich nehme mich in dem Fall zunächst einmal zurück und versetze mich bewusst in die unterschiedlichen Positionen der Parteien, versuche die Situation mit deren Augen zu sehen. Ich praktiziere das mittlerweile immer, wenn es unbequem wird – und es hilft mir.

Unser Krisen-Experte Jo Groebel

Wenn es um Krisen geht, ist Professor Dr. Jo Groebel eine der ersten Adressen. Denn er tritt immer dann vor die Kameras dieser Republik, wenn es um heikle Themen oder eben Krisen geht. Er gilt als Mitbegründer der internationalen Medienpsychologie, hat zahlreiche Bücher geschrieben und ist Leiter des Deutschen Digital Instituts.

Krisen gehören dazu – aber der Umgang mit ihnen will gelernt sein

Von Jo Groebel

Früher oder später kommt sie in nahezu jedem Unternehmen, die Krise. Seien es finanzielle Engpässe, Produkt- oder Serviceprobleme, Konflikte innerhalb des Managements oder Gefechte mit Wettbewerbern. Wohl der Firma, der das längerfristig erspart bleibt. Oder bei der die Krise überschaubar ist. Kluge Unternehmer:innen bereiten sich aber darauf vor. Zunächst in Szenarien, besonders entspannt in krisenfreien Zeiten. Auch wenn sehr häufig die ärgsten Probleme durch plötzliche Ereignisse entstehen, die kaum vorhersehbar waren. Es hilft dennoch, etwas über die Mechanismen zu wissen, die in nahezu jeder Krise bei der Kommunikation eine Rolle spielen. Finanziell und betriebswirtschaftlich präpariert zu sein und auch eine entsprechende Expertise innerhalb des eigenen Hauses sofort abrufen zu können, gehört zur Organisationsstruktur.

Jede massive Krise erfordert aber vor allem das Steuern durch die Unternehmerin. Ab einer bestimmten Größenordnung und besonders bei Sichtbarkeit in der Öffentlichkeit muss die Firmenspitze selbst ran; kann die Krisenkommunikation nicht mehr allein an eine Abteilung oder eine nachgeordnete Sprecherin delegiert werden. Zahlreich die Beispiele, in denen durch misslungene Medienauftritte eine faktische Katastrophe auch noch zum riesigen Imagedesaster wurde. So trat eine als Ingenieurin verkleidete PR-Frau im blitzsauberen Modellook nach der Explosion einer Ölplattform im Golf von Mexiko, Stichwort Deepwater Horizon, vor die Kameras und behauptete noch lange, man habe alles im Griff. Tatsächlich hatte es sich aber um die bis 2010 schlimmste Umweltkatastrophe der USA mit einigen toten Menschen, Zigtausenden verendeter Tiere und auf Jahre verheerenden Folgen für Wasser und Land dort gehandelt. Die Beschönigung durch das ursächlich beteiligte Unternehmen hatte erst recht auch zum Kommunikationsfiasko geführt.

Verhindern lassen sich herausfordernde Ereignisse insgesamt nicht. Aber da, wo Menschen in irgendeiner Weise beteiligt sind, und das sind sie in der Kommunikation zwangsläufig, hilft das Wissen um die psychologischen und sozialen Mechanismen im öffentlichen oder halböffentlichen Austausch. Sei es, dass es um Geschehnisse mit sofortiger Medienaufmerksamkeit geht. Sei es bei Interna, die aber nicht zuletzt durch Social Media ganz schnell ein größeres Publikum finden können.

Jede Krisenkommunikation ist einfacher, wenn das Unternehmen einem klar definierten moralischen Kompass folgt. Er sollte auch in Form von Statuten und einer Selbstverpflichtung formuliert sein. Sicherlich sind heutzutage, jedenfalls in der Theorie, Faktoren wie Nachhaltigkeit, gegenseitiger Respekt, gemeinschaftliche Werte und Ziele sowie Transparenz Teil einer solchen Orientierung. Diese und weitere Faktoren sind dann auch in der Krise Leitlinien für Entscheidungen, Handeln und Kommunikation. Leicht gesagt, schwer umzusetzen, wenn ein immenser Situationsdruck gegeben ist. Umso wichtiger das Durchspielen, wenn gerade alles glatt läuft.

Während sich interne Probleme innerhalb einer guten Unternehmenskultur noch hoffentlich durch gegenseitige Verantwortungsprinzipien angehen und lösen lassen, geraten Krisen mit einer größeren Öffentlichkeit durch Medienaufmerksamkeit rapide außerhalb des eigenen Einflusses. Und Kontrollverlust wirkt deutlich krisenverschärfend.

Wichtig, sich dabei die Medienmechanismen, dann deren psychologische Wirkungen entlang einzelner Verarbeitungsmodi anzuschauen. Journalistische Motivationen und Berichterstattungen folgen besonders bei Negativereignissen meist als Mischung mit unterschiedlicher Ausprägung, seltener in reiner Form der englischsprachigen 4-M-Formel (siehe Jo Groebel, 2014, *Das neue Fernsehen*, Springer Wissenschaft). Bei der Orientierung an den Mere Facts, den reinen Tatsachen, kann man saubere, aber auch knallharte Recherche im ursprünglich angelsächsischen Reportsinne erwarten. Später in Deutschland vom ARD-Moderator Hanns Joachim Friedrichs propagiert: »Einen guten Journalisten erkennt man daran, dass er sich nicht gemein macht mit einer Sache, auch nicht mit einer guten.«

Einen anderen Schwerpunkt verfolgen Berichte, die genau einer solchen Sache, einer Mission, folgen. Das kann im Extrem direkte Propaganda wie bei Staatsmedien unter Diktaturen sein. Es kann sich aber auch schon in einer unternehmensfreundlichen oder einer unternehmenskritischen Grundhaltung niederschlagen. Früher gab es hier die eindeutig rechts oder links zu verortenden Presseerzeugnisse. Heute sind Standpunkte ganz anderer oder allenfalls noch überlappender Auffassungen mindestens so häufig zu finden.

Immer wichtiger ist in einer Medienlandschaft, die wirtschaftlich selbst unter Druck steht, das dritte M, der Markt, geworden. Gebracht wird, was sich verkauft, was Quote, Auflage, Aufmerksamkeit bringt. Unabhängig von Fakten, Meinungen, aber auch in je spezifischer Kombination mit diesen. Nicht zuletzt im wirkungsmächtigen Zeitungsboulevard findet sich fast zwangsläufig eine solche Konstellation. Krisen sind sein tägliches Brot.

Die Traditionsmedien finden sich inzwischen in einer Dynamik wieder, bei der das vierte M, die Mutual Communication, die gegenseitige, informelle Kommunikation in Social Media, eine treibende Kraft geworden ist. Sie folgt nur begrenzt journalistisch professionellen Kriterien wie den genannten drei M. Wird viel häufiger von spontanen, manchmal verantwortungsvollen, häufig populistischen oder gar hasserfüllten Motiven gesteuert. Zugleich vom herkömmlichen Journalismus mitgedacht.

Auch wenn eine Unternehmerin hier in der Krise nur sehr begrenzt eingreifen kann. Es ist umso wichtiger, auch gegen alle Widerstände den eigenen Werten und Überzeugungen zu folgen. Selbst wenn es einen hohen Grad an Resilienz erfordern mag. Und man muss um die entsprechenden Abläufe wissen. Nicht schlecht, wenn man selbst in Social Media aktiv ist, bestenfalls ohne deren Abgründe.

Und ein informelles Netzwerk mit einigen journalistischen Profis kann ebenfalls nützlich sein. Man sollte sie allerdings nie hintenrum zu funktionalisieren versuchen. Wenn es Fragen oder Probleme gibt, immer offen und direkt ansprechen.

Nur kurz kann hier auf die psychologischen Motivations- und Wirkungsmechanismen beim Publikum eingegangen werden, die in der Krise eine Rolle spielen. Wieder sei unter anderem verwiesen auf mein genanntes Buch *Das neue Fernsehen* sowie meine Veröffentlichung *Aggression and War*, erarbeitet zusammen mit dem Verhaltensforscher Robert A. Hinde, erschienen bei Cambridge University Press, 1992.

Demnach sind Krisen in der Öffentlichkeit so interessant und wirksam, weil sie alte archaische Aufmerksamkeitsreflexe schon auf der physiologischen Ebene auslösen. Das Negative einer Schlagzeile wirkt wie ein Warnsignal, auf das hin man früher flüchten musste, heute vielleicht ein Unternehmen oder seine Produkte zu meiden sucht. Emotional entstehen dann Abneigung, gar Hass oder Ärger, aber auch Mitleid. Jedenfalls ist in der Krisenkommunikation absolut wichtig, nichts zu beschönigen, sondern empathisch und offen in der Öffentlichkeit mit dem jeweiligen Thema oder Ereignis umzugehen. Vieles spricht dafür, dass Unternehmer:innen hier heute kompetenter geworden sind.

Erst recht, wenn man die Emotion mit sachlicher Information und glaubwürdigen Argumenten unterfüttert. Diese schaffen bei aller Unsicherheit einen Rest von Kontrollmöglichkeit, zumindest den Eindruck eines wirklich ernsthaften Aufklärungswillens. Dabei ist auch unumgänglich, eine weitere Dimension zu berücksichtigen: die soziale. Auch wenn die endgültige Verantwortung bei der Unternehmerin liegt, ohne Team, ohne gemeinschaftliches Handeln und Auftreten wird es nicht gehen. Dabei sind sehr wohl auch wieder dosiert und ehrlich die Social Media einzubeziehen.

Vermeidbar sind viele Krisen nicht. Vermeidbar ist aber, dass sie sich durch falsche Krisenkommunikation noch vervielfachen.

Krise in Zahlen

»Es braucht 20 Jahre, um einen guten Ruf aufzubauen, und 5 Minuten, ihn zu zerstören. Wer darüber nachdenkt, wird die Dinge anders angehen.«
Warren Buffet, CEO, Berkshire Hathaway

Wie können sich Unternehmen auf Krisen vorbereiten?

62 % der Führungspersonen haben während der Pandemie einen Krisenplan verwendet. (Global Crisis Survey 2021, PwC)

95 % geben an, dass sich das Krisenmanagement ihres Unternehmens verbessern muss. (Global Crisis Survey 2021, PwC)

57,5 % der Unternehmen gaben 2020 an, virtuelle Krisenräume zu nutzen. (BCI Emergency Communications Report 2021)

»Die Zahl der Krisen steigt unter anderem durch Cyber-Kriminalität, Social Media und wachsende gesellschaftliche Erwartungen. Dabei verbreiten sich Krisen heute schneller und sind schwieriger zu kontrollieren.« (Oliver Aust, CEO Eo Ipso Communications)

Die Golden Hour macht den Unterschied

60 Minuten – die sogenannte Golden Hour – sind für den Ausgang der Krise entscheidend. (Crisp and PR News)

54 % der Kommunikationsprofis geben daher an, dass es eines ihrer größten Probleme im Krisenfall ist, schnell genug zu reagieren und die richtige Antwort vorzubereiten. (Crisp and PR News)

Krisen können Chancen sein.

»Viele Unternehmen gehen gestärkt aus Krisen hervor. Wer vorbereitet ist und schnell die richtigen Entscheidungen trifft, kann seine Reputation sogar stärken.« (Oliver Aust)

innovationen

Miriams Geschichte

Denk ich an Deutschland ... bin ich (verhalten) optimistisch

> Innovationen in Deutschland?
> Oftmals kaum erkennbar.
> Es fehlt ein echtes Ideenklima.

Wir haben lange diskutiert, ob dieses Buch ein eigenes Kapitel über Innovationen braucht. Scheiden sich an diesem Thema doch oftmals die Geister und vieles ist vielfach gesagt. Dass wir uns schließlich doch entschieden haben, diesem Thema einen Beitrag zu gönnen, hängt mit dem Ansatz des Buches zusammen. Denn: Alle Themen, die wir angesprochen haben, bilden ein Framework für das innovative Klima, wie wir es uns wünschen. Das fängt bei der Bildung an, die den Boden für mutige Andersdenker schafft. Geht über Unternehmen, die Menschen Raum für neue Ideen lassen, weiter. Skizziert die Dimensionen modernen Leaderships, das diese Räume schafft. Beschreibt, dass diverse Kulturen erfolgreiche Unternehmen mit frischen Ideen ermöglichen. Und zeigt schließlich, wie Gründen mit der richtigen Idee und dem passenden Kapitalgeber funktioniert.

Innovation stammt vom lateinischen »Innovatio« und steht für Erneuerung, Neuerung durch Anwendung neuer Verfahren und Techniken. So weit, so gut. Aber: Was genau ist denn eine echte Innovation? Was zeichnet sie aus? Was braucht es, um Innovationen zu begünstigen? Wie gelingen Innovationen? Wie entstehen die Ideen dahinter, die letztlich zu Erneuerungen führen? Am Anfang ist es immer *die* eine Idee, die das Spiel dreht, Großes oder Innovationen möglich macht. Das war bei Uğur Şahin und seiner Frau Özlem Türeci nicht anders als bei Bill Gates, Elon Musk oder bei Mark Zuckerberg. Und: Bei mir letztlich auch nicht, wie meine Unternehmerinnengeschichte zeigt.

Nina sagt: Neulich fragte mich eine Journalistin nach meiner Lieblingsinnovation. Meine Antwort kam spontan und schnell: klar, der mRNA-basierte Impfstoff von Biontech. Wie herausragend ist es denn auch, dass ein Unternehmerpaar, noch dazu mit Migrationshintergrund, jahrelang in Sachen Krebsforschung unterwegs ist, dabei wirtschaftlich nicht besonders gut dasteht und plötzlich einen Durchbruch erlebt. Eine Vorzeigegeschichte zum Stichwort Innovation, wie ich finde, und eine, in der die Protagonisten verdient eine der höchsten Auszeichnungen unserer Republik erhielten.

Der schöne Nebeneffekt, der wirtschaftliche Erfolg, ist da fast eine Randerscheinung. Echte Innovationen gibt es also doch noch. Und: Deutschland ist für mich ganz klar immer noch ein Innovationsgarant. Hat unser Land doch alle Voraussetzungen dafür; das Fundament für Innovationen und eine solide Grundlagenausbildung sind da, infrastrukturell sind alle Möglichkeiten gegeben. Deutschland wird innovationstechnisch gesehen wieder vorne mitspielen, wenn wir es denn wirklich wollen und die richtigen Anreize in Bildung und Politik setzen. Davon ist übrigens auch das Handelsblatt überzeugt: 75 echte Innovationen hat das Blatt anlässlich seines 75-jährigen Jubiläums im Mai 2020 aufgelistet. Innovationen, die aus Deutschland kommen und die Welt verändern können. Dazu gehören Hyperloop, eine völlig neue Art der Fortbewegung, die Genschere Crispr, die den Austausch defekter Gene gegen intakte ermöglicht, der schnellste Computer der Welt und einer, der menschliches Erbgut nutzt, um eine neue Computergeneration an den Start zu bringen.

Innovativ zu sein, ist anstrengend. Das weiß ich aus eigener Erfahrung nur zu gut. Als ich bei Ratepay vor einigen Jahren das Reseller-Modell, eine neue direkte Lösung für Marktplätze und Wiederverkäufer, vorschlug, stieß ich weder bei kaum einem meiner Mitstreiter:innen noch bei den Shareholdern auf große Begeisterung. Das funktioniert nie, das zahlt sich nicht aus, das kriegen wir technisch nicht auf die Beine, das kostet zu viel. Die Ja-aber-Fraktion war groß und die Argumente gegen das Produkt zahlreich – ich glaube, es gab niemanden, der wie ich an eine Realisierung glaubte. Hinzu kam: Wir mussten für diese Lösung, mit der wir vor allem Kunden wie eBay gewinnen wollten, die Infrastruktur und die Geldströme komplett umbauen. Ich habe gekämpft für diese Idee, bin immer wieder mit neuen Argumenten auf meine Kolleg:innen zugegangen, habe den Diskurs gesucht, das Für und Wider immer wieder neu bewertet. Schließlich, nach heftigem Ringen mit allen Stakeholdern, habe ich mich durchgesetzt und wir haben das Modell gebaut. Nach einem ersten schwierigen Jahr ist es heute ein wichtiger Geschäftsbereich von Ratepay und hat uns neue Kundenkreise eröffnet.

Nina sagt: Was Miriam hier beschreibt, ist typisch für einen Ideen- oder Innovationsprozess. Eine neue Idee, ein Andersdenken von gelernten Abläufen bedeutet immer: Wir verlassen unsere Komfortzonen, begeben uns auf unbekanntes Terrain, werden unsicher und ängstlich, weil wir befürchten zu scheitern. Und das ist etwas, was ich für typisch deutsch halte. Schon in der Schule lernen Engländer oder Amerikaner, für ihre Ideen aufzustehen, ihre Ideen zu verteidigen. Sie kämpfen. In Deutschland lernen wir das nicht, müssen uns dieses Selbstbewusstsein vielmehr allein oder durch das »Abgucken« bei Rolemodels erarbeiten. Aber auch dann bleibt es hierzulande schwer, Ideen an den Start zu bringen. Nicht zuletzt auch deshalb, weil das Scheitern nicht gelernt ist. Scheitern ist in Deutschland immer noch verfemt, wer scheitert, hat ein großes Imageproblem, wird allzu oft als Verlierer abgestempelt. Ganz anders übrigens als in den USA: Hier gilt jemand, der sich mit der eigenen Idee, dem eigenen Unternehmen eine blutige Nase geholt hat, als jemand, der Wagnisse eingeht, der Mut bewiesen hat. Damit ist Scheitern für die meisten Amerikaner Ansporn, es gleich noch einmal zu probieren.

Innovationsgarant Deutschland?

Die Präsidentin des Deutschen Patent- und Markenamtes, Cornelia Rudloff-Schäffer, ist sich sicher, dass Deutschland als Innovationsstandort lebendig und äußerst dynamisch bleibt. Und auch die ehemalige Bundesforschungsministerin Anja Karliczek ist überzeugt: Deutschland ist ein Innovationsland! So jedenfalls kommentiert sie 2021 das alljährliche Gutachten der Expertenkommission Forschung und Innovation (EFI). Nun, dass sich die beiden einig sind, verwundert nicht: Sind sie doch von Amts wegen quasi dazu verpflichtet. So ist auch wenig überraschend, dass die Kommission, die dafür verantwortlich zeichnet, dann allerdings nicht ganz so euphorisch ist wie die Ministerin bzw. die Patentamts-Chefin. Zwar stellt Cornelia Rudloff-

Schäffer fest, dass Deutschland auch in Pandemiezeiten keine schlechte Figur gemacht hat. Aber: Sie empfiehlt der Bundesregierung (ja, auch der neuen – jedenfalls bis zum nächsten Bericht), sich auf fünf Prioritäten zu konzentrieren, um den Innovationsstandort Deutschland weiter wettbewerbsfähig zu halten. Außer dass sie zur Beachtung der gesellschaftlichen Herausforderungen wie Umwelt und Nachhaltigkeit auffordern, mahnen die Experten, technologische Rückstände aufzuholen und sie vor allem künftig zu vermeiden. Außerdem müsse das Land, da rohstoffarm, seine Fachkräftebasis ausbauen und die Innovationsbeteiligung besonders bei privaten Unternehmen erhöhen. Und: Die Forschungs- und Innovations-Politik müsse deutlich agiler werden – nur so gelinge der Wandel. Die klugen Köpfe, die diese Expertenkommission auszeichnen, haben leider das passende Patentrezept für eine Umsetzung ihrer Empfehlungen nur ansatzweise mitgeliefert. Schade eigentlich, denn der Innovationsstandort Deutschland braucht dringend eine Runderneuerung.

Denkanstoß

Wie dringend Deutschland eine Runderneuerung braucht, zeigen überdeutlich auch die nackten Zahlen. So sieht die Bertelsmann Stiftung Deutschland vor allem die Zukunftstechnologien unter Druck. Die Studie aus Gütersloh konstatiert im Juni 2020: Innovationspotenziale verschieben sich zuungunsten Europas und Deutschlands. Und weiter heißt es: Gehörte Deutschland 2010 in 47 der 58 Technologien noch zu den drei Nationen mit den meisten Weltklassepatenten, hat sich dieser Anteil 2019 auf 22 Technologien mehr als halbiert.

Noch deutlicher fällt das Urteil des Global Innovation Index aus. Einmal pro Jahr nehmen die Macher 131 Ökonomien der Welt auseinander und prüfen, bewerten und ranken sie hinsichtlich ihrer Innovationskraft nach 80 Kriterien. Danach rangiert Deutschland zwar in den Top Ten der innovativsten Länder dieser Welt, nimmt hier allerdings einen eher bescheidenen neunten Platz ein. Geführt wird die Innovations-Hitliste von der Schweiz. Nicht zum ersten Mal

> übrigens: Die Eidgenossen landen seit neun Jahren an der Spitze. Auf dem zweiten Platz findet man Schweden, danach die USA. Südkorea nimmt im Ranking 2020 nach uns den traurigen zehnten Platz ein.

Deutsches Paradoxon

Geht es rein nach den Patenten, muss Deutschland zwar weltweit den Vergleich nicht scheuen: 290 Patente pro Million Einwohner gehen auf das Konto deutscher Tüftler und Erfinder. Eine stolze Leistung, sollte man meinen. Aber: Die meisten dieser klugen Köpfe bekommen nach der Patentanmeldung die PS nicht auf die Straße, heißt: Die Idee bleibt meistens eine Idee mit beschränktem regionalen Radius. Deutsches Paradoxon nennt man dieses Phänomen. Beispiele gefällig? Konrad Zuse baut in den späten 1940ern den ersten Computer, Mercedes erfindet den ersten Airbag und die Blaupause für »Siri« stammt vom KI-Preisträger Kristian Kersting. Großartige Köpfe, großartige Ideen – aber: Das große Geld verdienen andere. Deutsches Paradoxon eben. Wie kann man es lösen? Für Kersting ist die Sache klar: Wir brauchen weniger Zweifel und Zweifler. »Wenn ich eine Münze in einen Cola-Automaten werfe, verlange ich auch nicht immer gleich Aufklärung darüber, wie das Produkt hergestellt wird oder welche Gefahren es bergen könnte«, erklärte er. Eine Einstellung, die mir hier oftmals fehlt. Zweifler hemmen Innovationen. Auch zweifelnde Kapitalgeber übrigens. Allzu oft wird, bevor es an das große Investment geht, nach Sicherheiten, Langfristplanungen und -strategien gefragt. Die Risikobereitschaft, ein Risiko einzugehen und zu finanzieren, ist nicht besonders ausgeprägt.

Ein schönes, mich begeisterndes Beispiel liefern in diesem Zusammenhang die Brüder Strüngmann. Sie investierten in Biontech, als noch keiner ahnen konnte, dass das Unternehmen eines Tages einen Corona-Impfstoff auf den Markt bringen würde. Sie investierten in die Idee der Gründer, ein Medikament auf mRNA-Basis gegen Krebs zu entwickeln. Strüngmann und Strüngmann stiegen bei den Mainzern ein, ohne wissen zu können, ob die Forschungen Erfolg haben würden. Dass sich ihr Investment schneller auszahlen würde als geplant, hatten die Brüder nicht vorhersehen können. Es war ihre Wette auf die Zukunft – und sie haben sie gewonnen, wie wir alle inzwischen wissen. Doch: Es blieb still um die Geldgeber – und das nicht nur, weil sie selbst lieber leise als lautstark auftreten. Den wenigsten Medien war das Möglichmachen dieser Innovation eine Meldung wert. Bedauerlich, wie ich finde. Deutschland hat keine Begeisterungskultur für finanzielle Wagnisse dieser Art. Ich plädiere dafür, dass wir nicht nur die Ideen dieses Landes feiern, sondern auch die, die es möglich machen. Investoren, die Lust auf Risiko und Zukunft haben, Geldgeber, die an Ideen glauben und auf das Morgen wetten. Ich hätte gern diesen »Let's-do-it-Spirit« in unserem Land – am liebsten schon in der Schule als begleitendes Momentum im Unterricht. Ich hatte es ja bereits in meiner Bildungsgeschichte geschrieben: Wir sollten unser Mindset ändern – weg vom »Erwartungen-erfüllen-Müssen« hin zum Anders-Denken. Hin zu Empathie und Leidenschaft für das, was morgen gehen könnte.

Nina sagt: Und hier sind es wieder einmal die Amerikaner, die uns vormachen, wie man ein erfolgversprechendes Innovationsklima schaffen kann. Google lobt alljährlich seinen »Pinguin«-Award aus und zeichnet damit Mitarbeitende für Innovatives aus. Die Geschichte hinter dem Award gefällt mir besonders gut: So gibt es immer wieder diesen einen Pinguin, der als Erster ins Wasser springt, weil er weiß, dass er damit seine Chancen erhöht, mehr Futter zu finden. Er weiß aber auch, dass er mit diesem frühen Sprung das Risiko eingeht, als Erster gefressen zu werden. Er tut es trotzdem. Der Award, so heißt es bei Google, soll Menschen belohnen, die ein Risiko eingehen und sich etwas trauen. Langfristig will das Unternehmen damit ein Mindset schaffen, das Innovationen begünstigt. Dafür wurden entsprechende Rahmenbedingungen geschaffen: So erhalten Mitarbeitende ein bis zwei Tage pro Monat die Chance, über den Tellerrand zu blicken und sich ein ganz persönliches Weiterbildungsprogramm zusammenzustellen. Auch Facebook ist in Sachen Innovationsförderung vorbildlich: Hier können Mitarbeitende eigene Algorithmen im Live-Betrieb starten – ohne auf die Firmenstrategen und deren Business-Planung zu warten. Trial and error lautet die Devise – und sie funktioniert. Auch wenn das Unternehmen derzeit heftig in der Kritik steht, in Sachen Innovation machen Mark Zuckerberg & Co. vieles richtig.

Bei Facebook (oder jetzt: Meta) ermöglicht Zuckerberg seinen Leuten eine, wie er es selbst nennt, »Hackerkultur« und stellt damit eine Umgebung bereit, die Mitarbeitende in ihrem kreativen Tun nicht bremst, sondern extrem fördert. So bekommen Programmierer von Tag eins an eine eigene Facebook-Entwicklungsumgebung, die der realen Plattform entspricht, auf der aber darüber hinaus alles möglich ist, was der Programmierer ausprobieren möchte. Selbst Antonio García Martínez, ein ehemaliger Facebook-Manager, der 2015 ein eher kritisches Buch über das Zuckerberg-Imperium geschrieben hat, konstatiert: »Mit dieser Form des ›Engagements‹ schafft Facebook den entscheidenden Unterschied.« Und: eine Organisation, die immer offen für Neues ist, die in der Lage ist, sich ständig neu zu erfinden.

Ich setze auf »Denken ohne Geländer«. Die wunderbar streitbare und nicht immer unumstrittene Hannah Arendt prägte einst dieses Bild. Sie umschrieb damit ihre eigene Position: Gehörte sie doch keiner der klassischen philosophischen Schulen an, hatte sich keiner bestimmten Richtung verschrieben. Für mich steht der Begriff auch für die Freiheit des Denkens, für Kreativität ohne Grenzen oder Firmenkorsett (oder eben eines, das diese Freiheit zulässt, wie die Beispiele Google und Facebook zeigen).

Mit einem solchen Ansatz lässt sich arbeiten – wie auch mein eigenes Beispiel mit Ratepay zeigt: Wir haben gemacht. Und entwickelt. Dass dieses Mindset genau das richtige ist, um spannende Ideen zu entwickeln, weiß auch die NASA, die das nicht nur in ihrem Leitbild verankert hat, sondern alljährlich weltweit zu ihrer »International Space Apps Challenge« lädt. Siegesprämie: Teilnahme an einem Raketenstart. Das Besondere daran: Die Sieger sind ganz vorne mit dabei, stehen noch vor dem Präsidenten in einer Reihe mit den Ingenieuren und Technikern, müssen allerdings für die Kosten ihres Aufenthaltes selbst aufkommen. Und doch sind die Hackathons begehrt. Sie liefern Ideen und Impulse, die außerhalb des NASA-Horizonts liegen. Sie sind schräger, um die Ecke gedacht und bieten Perspektiven, wo es vorher keine gab.

Für den Journalisten Peter Lau ist dieser Ansatz mehr als zukunftsträchtig und so schreibt er 2019 im Magazin brand eins: »Es gibt keinen Menschen und keine Organisation, die sämtliche gute Ideen, die sie braucht, aus sich selbst heraus generieren kann.« Und er hat recht. Viel zu oft hängen wir innerhalb eines Unternehmens da fest, wo wir unternehmerisch aktiv sind, wo wir uns wohlfühlen und uns auskennen. In unserer Komfortzone. Gerade der Blick über den Tellerrand aber ist es, wie auch die Beispiele Google und Facebook zeigen, der Neues und Innovationen möglich macht. Nicht umsonst engagieren wir uns bei Ratepay und Banxware außerhalb des Unternehmens bei Zukunftsinitiativen wie den Startup Teens oder der Hacker School.

Schlaue NASA

Die NASA macht das schlau: Die Challenge-Ansätze, die die Teilnehmer zum Denken bringen sollen, sind intelligente Kreativitäts-Anreißer und lassen viel Raum. Und haben oftmals gar nichts mit der Weltraumforschung zu tun. Nutzen aber gleichwohl die von der NASA bereitgestellten Ressourcen. Heraus kommen dabei zum Beispiel Lösungen für Naturkatastrophen. So hat sich ein Team, übrigens tatsächlich global verteilt, mit der automatisierten Erkennung von Gefahren, in diesem Fall von Heuschreckenschwärmen, beschäftigt. Herausgekommen ist eine interaktive Karte, erstellt mithilfe des maschinellen Lernens, die die Schädlingsschwärme auf der Grundlage von Wind, Luftfeuchtigkeit, Oberflächentemperaturen und Vegetationsindexdaten, die von den Erdbeobachtungssatelliten der NASA gesammelt werden, erkennen und vorhersagen kann.

Die Idee des Hackathon-Ansatzes – vernetze interdisziplinär Denker, Forscher, Kreative, Tüftler und Erfinder aus aller Welt und gebe ihnen Raum für gemeinsame Ideen – findet sich auch in einem smarten Ansatz wieder, den Brigitte Mohn, Vorstandsmitglied der Bertelsmann Stiftung, zur vorgelegten Innovationsstudie des Hauses formulierte. Sie plädiert für eine gesamteuropäische Innovationsplattform, umgeben von einem transnationalen Ökosystem, das von staatlichen Budgets und finanziellen Anreizsystemen unterstützt wird. Die Studienempfehlung ist denn auch eindeutig: Ausbau europäischer und internationaler Kooperationen für eine bessere Vernetzung von Forschung und Unternehmen, eine stärkere Ermutigung und Unterstützung von Start-up-Gründern sowie die gezielte Verbindung von Innovation und gesellschaftlichem Fortschritt.

Nicht viel anders also als das, was die NASA Challenge vorlebt. Gedanken dazu hat sich übrigens auch der Ökonom Henry Chesbrough gemacht. Er prägte Anfang des Jahrhunderts den Begriff Open Innovation. Unternehmen, so seine Überlegung, sollten sich in Sachen Forschung und Entwicklung Hilfe von außen holen, also auf externes Wissen setzen. Chesbrough beschreibt sehr konkret, wie eine solche Partnerschaft aussehen kann, und empfiehlt eine klassische Vorgehensweise bei der Verwertbarkeit der Ideen, die daraus hervorgehen: also NDA (non-disclosure agreement), Patente und Schutzrechte. Die Entwicklungshoheit bleibt jeweils beim Unternehmen. Einen Schritt weiter geht Chesbroughs Kollege Eric von Hippel. Der in den USA lehrende Ökonom spricht von Free Innovation und meint damit Modelle, die ähnlich wie bei Open-Source-Software-Entwicklungen allen für die weitere Nutzung zur Verfügung stehen. Ein großer Fan dieses Ansatzes ist übrigens Tesla-Gründer Elon Musk. Er gab 2014 – sehr zum Leidwesen einer ganzen Branche – sämtliche von Tesla gehaltenen Patente frei. Seine Intention: der Elektromobilität einen Schub verleihen. Den Schub brauchte es auch, denn Teslas erste Fahrzeuge krankten vor allem an mangelnder Infrastruktur und damit mangelnder Reichweite: Weil es so wenige Elektroautos gab, gab es eben auch zu wenig Ladesäulen. Und damit auch keine Möglichkeit, mit dem Tesla Strecke zu machen.

Ich halte Musks Vorpreschen dennoch für ein gelungenes Lehrstück eines geglückten Innovationssprungs: Denn was nutzt eine bahnbrechende Erfindung, die eine ganze Branche auf den Kopf zu stellen vermag, die aber ihre PS nicht auf die Straße bringt? Richtig: nichts, wie wir am deutschen Paradoxon sehen können. Musk hat übrigens – ebenso wie Gates, Jobs oder Zuckerberg – noch eine Eigenschaft, die Innovationen möglich macht: Er hat gelernt, groß zu denken. Und hat sich damit viel Raum für große Ideen geschaffen.

Richtig große Innovationen inhaliert man, denkt, es hätte sie eigentlich schon immer gegeben. Mein Lieblingsbeispiel in diesem Zusammenhang ist – so banal das auch klingen mag – der Rollkoffer, der mit den vier Rollen, der aus meinem Leben nicht mehr wegzudenken ist. Eine Innovation, die selbstverständlich in unser Leben passt und es deutlich erleichtert. 1970 gab es bereits erste Entwürfe, richtig durchgesetzt hat sich das Ganze allerdings erst vor etwa 20 Jahren, als das Fliegen für die meisten erschwinglich und üblich wurde.

Nina sagt: Der Rollkoffer, den Miriam hier erwähnt, ist ein schönes Beispiel einer gelungenen Ideenumsetzung. Die mich zu einem anderen Punkt des passenden Innovations-Settings bringt: Neben dem von Miriam angesprochenen Mindset ist es oftmals auch der Zwang zur Veränderung, der Innovationen möglich macht. Biontech ist ein schönes Beispiel dafür: Corona hat bei den beiden Gründern bewirkt, dass uns ein Impfstoff beschert wurde – sie haben umgedacht und überlegt, ob die hauseigenen Entwicklungen nicht auch umlenkbar sind. Bemerkenswert, wie ich finde, und eine Art der Herangehensweise, die Basis für viele neuen Ideen sein kann.

Wollen wir wieder zu einem Land werden, das Zukunft macht, braucht es neben all den Dimensionen, die wir in diesem Buch beschrieben haben, auch einen Klimawandel der besonderen Art. Deshalb wünschen wir uns:

Ein Ideenklima: Wir wünschen uns für Deutschland ein Ideenklima, wie es der NASA-Hackathon alljährlich hervorbringt. Das wir schon in der Schule anlegen, indem wir Schüler:innen Raum für Entwicklungen und Ideen geben. Indem wir ihnen zeigen, dass der vor ihnen liegende Lebensweg nicht von Erwartungen begrenzt wird. Und dass auch Scheitern erlaubt ist. Gern gesponsert von Unternehmen und gern auch in enger Kooperation mit den Hochschulen unseres Landes. Wir wünschen uns, dass diese Ideenschmiede all die großartigen Ansätze in Sachen Zukunft, die das Jahr 2021 hervorgebracht hat, bündelt und so zu einer festen Bewegung wird, die unser Land verändert. Wir wünschen uns, dass dieser Geist der Ideen alle Menschen erfasst und eine Aufbruchstimmung erzeugt. Wir wünschen uns, dass der Mut und die Abenteuerlust der Gen Z, die jetzt gerade erwachsen wird, belohnt wird.

Ein Gründungsklima: Wir wünschen uns die Leichtigkeit des Gründens und plädieren für eine radikale Umgestaltung der Rahmenbedingungen. Es verlangt immer noch eine Menge bürokratischen Schnickschnacks, wenn man gründen will. Die Hürden für den unternehmerischen Einstieg sind immer noch zu hoch. Wir wünschen uns stattdessen eine digitale Institution, die alle mit der Unternehmensgründung zusammenhängenden Schritte bündelt und es dem Gründer als single point of contact einfach macht. Dazu gehören natürlich auch die Unternehmensfinanzierung und staatliche Förderungen. Die Devise: einfach machen – und zwar in jeder Hinsicht.

Ein Begeisterungsklima: Wir wünschen uns ein Klima, in dem neue Ideen und die Menschen, die sie möglich machen, gefeiert werden. Ein Klima, in dem nicht als Erstes die Frage nach dem finanziellen Profit des Ideen-Stifters öffentlich herabwürdigend diskutiert wird, sondern in dem die Innovation als solche gefeiert wird. Wir hoffen auf die Abschaffung des so typisch deutschen Bedenkenträgertums, auf das Aufweichen starrer Regeln, das das Gründen hierzulande so schwer macht.

Ein Risiko(kapital)klima: Wo sind die Investoren, die wie die Brüder Strüngmann auf Zukunft setzen und voll ins Risiko gehen? Die, die an große Ideen glauben und nicht an die Absicherung? Es gibt sie ja, wie wir wissen, aber sie sind leider noch viel zu verhalten in ihrem Engagement. Gerade Frauen, die ihre Ideen in die Tat umsetzen wollen, haben es schwer: Nur 2,3 Prozent des europäischen VC-Kapitals gingen 2020 an Female Founders. Seit November 2021 ist das anders: Erstmals gibt es in Deutschland einen VC-Fund, der ausschließlich weibliche Gründer ansprechen will. Dahinter stecken zwei bekannte Köpfe der Angel-Investoren im Land: Dr. Gesa Miczaika und Bettine Schmitz. Hier bewegt sich etwas! Für mich ganz klar ein Meilenstein auf dem Weg zum deutschen Start-up-Ökosystem. Und: der richtige Weg für mehr Innovationen in diesem Land.

Unser Innovationen-Experte Christoph Bornschein

Als Experten für dieses Kapitel haben wir Christoph Bornschein gewählt. Ich schätze Christoph sehr für seine differenzierte Denkweise, seine Forschheit und sein Talent, outside the box zu denken. Er ist Gründer und CEO von TLGG und berät internationale Unternehmen, Marken und staatliche Institutionen bei der strategischen Nutzung digitaler Technologien. Außerdem ist er Autor zahlreicher Fachbeiträge und gefragter Referent auf Konferenzen und Kongressen.

Vier Fragen zum Thema Innovationen

Was ist für dich eine echte Innovation?

Nicht nur, aber auch – Disclaimer – als Investor gesprochen: das Cloud-Manufacturing-Modell, das Simon Tüchelmann mit seinem Unternehmen Kreatize entwickelt. Hier wird in der Fertigung als dem härtesten aller Hardware-Sektoren das Potenzial softwarebasierter Wertschöpfung umgesetzt und erfahrbar gemacht. Tüchelmann hat mehrfach gegründet, war zwischenzeitlich aber auch Geschäftsführer eines Familienunternehmens, der tsf tübinger stahlfeinguss, das er mit digitaler Methodik und Lean Management erfolgreich für die Zukunft aufstellte. Die Erkenntnis, dass der technologische Wandel gerade in diesem traditionellen Markt enorme Effekte haben würde, führte schließlich zur Gründung von Kreatize als Cloud-Manufacturing-Anbieter.

Welches Setting hat es dafür gebraucht?

Ein tiefes Verständnis für traditionelle Industrieprozesse trifft auf große Softwareexpertise und die Bereitschaft, die eine mit der anderen nicht nur zu replizieren, sondern komplett neu aufzusetzen. Tüchelmann hatte das richtige Gespür, das richtige Timing und eben den passenden Hintergrund mit Produktions- und Supply-Chain-Knowhow. All das gepaart mit dem Mut, die Idee auch konkret umzusetzen, führt zu Innovationen dieser Art.

Wie schaffen wir es, in Deutschland wieder Innovations-Weltmeister zu werden?

Das ist ein hoher Anspruch. Ein Anfang wäre gemacht, wenn wir Innovation wieder im eigentlichen Sinn verstehen lernen. Deutschland fasst Innovation noch immer als inkrementelle Verbesserung des Bestehenden auf. »Industrie 4.0« ist noch immer häufig »Industrie wie immer, nur weiter automatisiert und mit Touchscreen«. Doch der technologische Wandel ermöglicht und verlangt deutlich mehr. Innovation ist und muss neu, anders, disruptiv sein. Innovation muss tradierte Sichtweisen aufbrechen und für das Neue begeistern wollen. Dafür wiederum müssen wir stärker auf Talente setzen und sie fördern, müssen neue Impulse und Inspirationen zulassen. Ein grundsätzlich neues Innovationsdenken ist die Mindestvoraussetzung dafür, Deutschland auch wieder zum Innovations-Weltmeister machen.

Auf welchen Gebieten wird es künftig vor allem innovativ abgehen?

Überall dort, wo echtes Software-Mindset die Erneuerung hardwarebasierter Prozesse ermöglicht, von der Fertigung über die Logistik bis ins Management. Die deutsche Ding-DNA braucht dringend ein Software-Update. Denn Deutschland fehlt bislang ein klares und hoffnungsvolles Bild von Zukunft – eines, das aktivieren und involvieren kann, indem es zeigt, was in dieser Gesellschaft alles möglich sein könnte.

Unsere Innovations-Expertin Ute Weiland

Die Macht der Ideen

Wer sich auch besonders gut mit Ideen auskennt, ist Ute Weiland, die Geschäftsführerin der Initiative »Deutschland – Land der Ideen«. Die Initiative, ursprünglich 2006 anlässlich der Fußball-Weltmeisterschaft von der Bundesregierung und dem Bundesverband der Deutschen Industrie gegründet, lobt mit Partnern aus Politik, Gesellschaft und Wirtschaft regelmäßig Ideenwettbewerbe aus.

Von Ute Weiland

Deutsche Unternehmerinnen und Unternehmer stehen jeden Tag vor der Herausforderung, neue Ideen produzieren zu müssen, die das Potenzial einer erfolgreichen Innovation innehaben. Wie gelingt es aber, diese Ideenkraft immer wieder auszuschöpfen – gibt es Rezepte oder Erkenntnisse, die uns helfen, dass aus kleinen Ideen große Innovationen werden?

In den letzten 15 Jahren haben wir bei »Deutschland – Land der Ideen« über 3 000 Preisträger:innen ausgezeichnet, die fantastische Innovationen – seien sie wirtschaftlich, gesellschaftlich oder sozial – auf den Markt gebracht haben. Wir haben die Macher:innen und kreativen Köpfe hinter diesen Ideen genau beobachtet, und dabei haben wir verschiedene Zutaten entdeckt, die ein Erfolgsrezept für Ideenreichtum und Innovationsfreudigkeit zu sein scheinen: Kommunikation und Kooperation.

Kommunikation und Kooperation

Ideen entstehen nicht hinter verschlossenen Türen oder durch den Geniestreich eines Einzelnen; sie werden daraus geboren, dass unterschiedlichste Menschen zusammenkommen und sich austauschen, gemeinsam über etwas nachdenken, dem Fluss ihrer Ideen freien Lauf lassen und sie diskutieren, verwerfen und ausprobieren. Bringt man verschiedene Menschen an einen Tisch, so kommen unterschiedliche Stärken, Talente, Erfahrungen und Kenntnisse zusammen, und diese Interdisziplinarität ist eine große Bereicherung. Denn aus der Kombination verschiedener Fachrichtungen, Arbeits- und Denkweisen – dem Aufbrechen von Disziplinen – kann etwas völlig Neues erwachsen. Als Land der Ideen wollen wir genau das aktiv unterstützen: Wir haben es uns zur Aufgabe gemacht, kreative Menschen zusammenzubringen, Begegnungen zu ermöglichen und den internationalen, interdisziplinären Dialog und die Kooperation zu fördern.

Netzwerke

Damit interdisziplinäres Denken und Arbeiten überhaupt erst möglich sind, braucht es vor allem eins: aktive Beziehungen zu vielen Menschen mit unterschiedlichen Hintergründen in einem starken Netzwerk. Effizientes Networking hat allerdings nichts damit zu tun, wie viele Visitenkarten man verteilt. Beim echten Networking geht es um nachhaltige Strukturen und belastbare Beziehungen – und nicht um charmante Gespräche. Ein gutes Netzwerk ist ein System des Vertrauens und der gemeinsamen Werte; nur so können sich Ideen frei entfalten, Ressourcen fließen und Probleme gelöst werden.

Glückliche Zufälle

In heterogenen Netzwerken findet man einen weiteren wichtigen Faktor bei der Entstehung guter Ideen: glückliche Zufälle – im Fachjargon auch »Serendipität« genannt. Oft sind es nämlich diese günstigen Fügungen oder unerwarteten Entdeckungen, die Innovationen hervorbringen. Die Geschichte zeigt, dass viele Innovationen nicht systematisch, sondern ungeplant entstanden; von Penicillin bis zum Eis am Stiel sind viele große Erfindungen auf den glücklichen Zufall zurückzuführen.

Wie soll es also aussehen, das Unternehmen von morgen, das das Potenzial seiner Mitarbeiter fördert, den Wandel aktiv vorantreibt, Trends setzt? Was muss ganz praktisch getan werden, um ein Arbeitsumfeld zu schaffen, in dem Kommunikation, Interdisziplinarität, Serendipität auf der Tagesordnung stehen und sich verheißungsvolle Ideen in echte Innovationen verwandeln?

Zunächst einmal sollten sich Unternehmen von der Idee isolierter Forschungsinseln und sorgsam getrennter Abteilungen verabschieden – es gilt, offene, agile und kooperative Strukturen und Prozesse zuzulassen und zu fördern. Denn nur so können das Wissen und die Erfahrungen aus anderen Branchen und Bereichen in das Unternehmen einfließen und einen Mehrwert schaffen. Ziel ist ein Arbeitsumfeld, das Serendipität ermöglicht. Eine Unternehmenskultur, in der das Ausprobieren, Fragenstellen und selbst das Scheitern nicht nur geduldet, sondern aktiv gefördert werden – denn all das ist ein natürlicher und wesentlicher Teil kreativer Arbeitsprozesse.

Diese neuere Denkweise hält mittlerweile schon in viele Unternehmen Einzug. Manche Firmen integrieren zum Beispiel regelmäßige Brainstorming-Sessions in ihre Arbeitsabläufe und bieten Co-Working-Spaces an, welche Kommunikation und Interdisziplinarität garantieren; andere haben ihre Forschungs- und Entwicklungslabors verändert und durchlässiger gemacht. Viele Unternehmen betreiben auch offene Innovationsplattformen, auf denen sie Ideen und Forschungsergebnisse mit Universitäten, Partnern oder Kunden teilen und weiterentwickeln.

In Deutschland herrschen bereits gute Voraussetzungen, um auch weiterhin der Innovationsmotor Europas und der Welt zu sein. Doch wir dürfen nicht versäumen, langfristige und zielgerichtete Investitionen besonders in den Bereichen Bildung und Digitalisierung zu machen – sonst riskieren wir, unsere Ideenkraft in Zukunft zu verlieren. Langsame Entscheidungsprozesse und veraltete, verkrustete Strukturen müssen neuen agilen Prozessen weichen und den Weg frei machen – auf dass Deutschland auch in Zukunft ein Land der Ideen bleibt.

Innovationen in Zahlen

Im Innovationsindex 2021 der Europäischen Kommission nimmt Deutschland Platz 6 in der Gruppe der starken Innovatoren ein. Bezogen auf weltmarktrelevante Patente pro Million Einwohner behauptet Deutschland im internationalen Vergleich einen der vorderen Plätze.

181 700 Unternehmen in Deutschland bringen kontinuierlich Innovationen hervor. (Bundesministerium für Wirtschaft und Klimaschutz, BMWi)

75,8 Milliarden Euro investierten Unternehmen in Deutschland 2019 in interne Forschung und Entwicklung. (Bundesministerium für Wirtschaft und Klimaschutz, BMWi)

25 deutsche Unicorns gibt es derzeit, deren Bewertung von 1 bis zu 11 Milliarden Dollar reicht. (Statista, Januar 2022)

»Wenn große Finanzierungsrunden in Deutschland realisiert werden, dann sind in **9 von 10** Fällen ausländische VC-Investoren mit an Bord.« (Kreditanstalt für Wiederaufbau, KfW, Venture Capital Studie 2020)

Peking ist die Welthauptstadt der Einhörner!

Als Einhörner (Unicorns) bezeichnet man Start-ups, die vor einem Börsengang oder Exit mit mehr als einer Milliarde Dollar bewertet werden.

Laut Statista (August 2021) rangiert Deutschland auf Platz 5. Hier entstehen die meisten Einhörner:

1. Platz: USA mit **378** Unicorns

2. Platz: China mit **155**

3. Platz: Indien mit **34**

4. Platz: GB mit **31**

5. Platz: Deutschland mit **19**

#abindiezukunft

So geht Unternehmen – heute und morgen

Unsere Zutaten für ein modernes Unternehmertum

> Unternehmen, die satt sind, werden weder die richtigen Talente finden noch innovativ sein. Sie werden untergehen.

Danke, liebe:r Leser:in, dass Sie uns auf dieser sehr persönlichen Reise bis hierhin begleitet haben und wir Ihnen unsere Ingredienzen für modernes Unternehmertum vorstellen durften. Danke, dass Sie nicht die Geduld mit uns verloren haben, auch wenn Sie vielleicht manches anders sehen oder einschätzen. Wir haben viel erzählt, haben Sie in unsere Unternehmerwelt mitgenommen und viele Erfahrungen, auch die schlechten, mit Ihnen geteilt.

Beispielhaft, so unser Plan für dieses Buch, wollten wir aufzeigen, wie wir zwei es dorthin geschafft haben, wo wir heute sind und sein wollen. Dabei spielten und spielen unsere Entwicklung in jungen Jahren ebenso eine Rolle wie unser gewachsenes Verständnis von Gründen oder Karrieremachen.

Jetzt möchten wir zu guter Letzt noch einmal mit Ihnen gemeinsam Revue passieren lassen, wie Unternehmen geht – denn das haben wir ja mit unserem Untertitel versprochen. Das Unternehmen, das wir meinen, bedient sich vieler Erkenntnisse aus der Welt der Start-ups ebenso wie derer aus der Welt der Konzerne. Dieses Unternehmen hat gelernt, dass das Lernen niemals aufhört, dass Mitarbeitende heute wertvoller sind als jemals zuvor und es weiß, dass Chef:innen heute und in Zukunft anders führen müssen.

Beginnen wir am Anfang, mit Bildung und Ausbildung. Wie unsere Geschichten zeigen, führen viele Wege nach Rom oder eben an die Spitze eines Unternehmens. Unbenommen ist: Vieles wäre deutlich leichter gewesen, wenn wir schon in der Schule gewusst hätten, was Karriere oder Unternehmertum bedeutet. Wenn man uns hier schon den Mut für ungewöhnliche Wege aufgezeigt hätte. Und: Wenn man uns hier schon mit den neuesten technologischen, sprich: digitalen Entwicklungen konfrontiert hätte. Wie Sie sich erinnern, war das nicht der Fall. Daher wiederholen wir an dieser Stelle gern noch einmal unser Plädoyer für eine Bildungsrevolution. Okay, es kann auch eine Evolution werden. Aber: Es muss sich etwas ändern und bewegen. Digitaler muss sie werden, die Schule von morgen, mutiger muss sie machen und zeigen, dass es viele Wege neben den klassischen gibt.

Schaut man auf unsere ersten beruflichen Stationen, wird eines vor allem sehr deutlich: Ohne entsprechende Rolemodels wären wir in andere Richtungen marschiert, hätten sich unsere Wege wahrscheinlich niemals gekreuzt. So aber sind wir uns begegnet – beide bereits mit einigen Erfahrungen im Gepäck und beide immer noch neugierig auf das, was kommen mag. Lassen Sie uns nochmals betonen: Ohne entsprechende Vorbilder, die ja bekanntlich vormachen, hätten wir sicher die eine oder andere Weggabelung übersehen. Daher an dieser Stelle nochmals unser Appell für mehr sichtbare Rolemodels in unserer Welt. Und damit wir uns nicht falsch verstehen: Das sollten Frauen *und* Männer sein, sexuell anders Orientierte ebenso wie Andersgläubige oder People of Color. Denn: Diversität ist das, was unserer Gesellschaft künftig die Farbe geben wird; sie wird inspirieren, neue Horizonte eröffnen und die Welt als Ganzes toleranter machen. Übrigens auch ein Thema, das auf die schulische Agenda gehört.

Noch eine Erkenntnis dieses Buches, die wir Ihnen am Ende nicht vorenthalten möchten: Chef:innen sind nicht mehr allwissend. Sie führen über Purpose, über den Sinn. Sie führen über Visionen und zeigen auf, wo das Unternehmen, das es zu führen gilt, morgen oder übermorgen stehen wird. Chef:innen dieser Art suchen nach Mitarbeitenden, die Lust haben, diese Vision Wirklichkeit werden zu lassen. Die in der Lage sind, agil und eigenständig zu arbeiten. Und die auf ihren Gebieten spitze sind – denn Chef:innen müssen nicht alles können und sollten das auch nicht für sich in Anspruch nehmen.

Nina sagt: Ich habe mich dann am besten in einem Unternehmen entwickeln können, wenn meine Chef:innen mich haben machen lassen. Wenn ich einen Rahmen hatte, in dem ich mich selbstständig bewegen konnte. Eigene Entscheidungen treffen konnte. Immer mit dem großen Bild vom

Ganzen im Kopf. Dieses Vertrauen meiner Führungskräfte in meine Fähigkeiten haben mich nicht nur stark gemacht, sondern auch für viel Loyalität gesorgt. Ich wollte das Beste für meinen Bereich und damit das Beste für die Company. Das war bei eBay ebenso wie bei brands4friends. Heute bin ich selber Chefin und habe meinen eigenen Führungsstil – geprägt von meinen Erfahrungen und dem Vertrauen, das meine Chef:innen in mich investiert haben.

Miriam sagt: Als Gründer:in lernst du sehr schnell, dass du nicht alles allein machen kannst. Dass du Verantwortung abgeben und teilen musst, wenn du erfolgreich sein willst. Und du lernst, wo deine Stärken und Schwächen liegen, was du besonders gut kannst und was eben nicht. Viele Personalentscheidungen habe ich sehr spontan und aus dem Bauch heraus getroffen; nicht immer lag ich richtig, und ich musste mich von Menschen trennen, auf die ich gesetzt hatte. Die ersten Kündigungsgespräche waren schwer, auch heute noch fällt es mir nicht leicht, Kündigungen auszusprechen. Aber: Ich trenne heute deutlich stärker als zu Beginn meiner Selbstständigkeit zwischen Job und Privatem und weiß, eine gesunde Distanz zwischen Chef:innen und Mitarbeitenden hilft.

Eine weitere wesentliche Essenz unseres Buches: Alles bleibt anders, Stillstand ist nicht. Soll heißen: Change, die Veränderung, ist allgegenwärtig und wird ein Unternehmen immer begleiten. Klingt banal und selbstverständlich, ist es aber nicht. Viele Unternehmen sind nach den ersten erfolgreichen Jahren satt; die Organisation wird immer bürokratischer, der Verwaltungskropf immer größer, die Ideen und Innovationen bleiben auf der Strecke. Was tun, um diesem offensichtlichen Trägheitsgesetz entgegenzuwirken?

Facebook ist – trotz aller Kritik in punkto Datensicherheit und Umgang mit Fake-News – ein schönes Beispiel dafür, wie sich ein Unternehmen bewegen muss, um sich nicht von Trägheit lähmen zu lassen. Das ursprüngliche Kernprodukt des Konzerns, die Social-Media-Plattform, ist erwachsen geworden, die sehr junge Kernzielgruppe mit ihr. Facebook- beziehungsweise Meta-Gründer Mark Zuckerberg und sein Managementteam haben das frühzeitig erkannt und um die Plattform herum ein Commerce-Universum aufgebaut, um so der Nachfrage nach Werbeanzeigen, Community-Tools, Messaging, Shops und Optionen zur Zahlungsabwicklung nachzukommen. Das Angebot beschränkt sich also längst nicht mehr auf die soziale Interaktion, sondern denkt – entlang der Customer Journey – weit darüber hinaus. In einem Blogbeitrag im Sommer 2021 beschreibt Dan Levy, Facebooks Vice President Ads & Business Products, wohin die Reise gehen soll. Ziel sei die Schaffung einer personalisierten, nahtlosen Customer Journey, damit Menschen möglichst einfach Produkte entdecken, sich darüber informieren, eine Kaufentscheidung treffen, die Bezahlung abwickeln und der Lieferung entgegenfiebern können. Facebook lebt ihn also schon, diesen allgegenwärtigen Transformationsprozess und erfindet sich regelmäßig neu.

Nina sagt: Bei Ratepay konzentrieren wir uns derzeit auf die Rahmenbedingungen für diesen Shift unseres Geschäftsmodells, und wir haben die gesamte Organisation auf den Kopf gestellt. Auch wenn wir heute gut positioniert sind, wir müssen das Unternehmen noch deutlich agiler aufstellen und so einen Nährboden für Neues schaffen. Das heißt in der Konsequenz auch, dass wir die Menschen weiterentwickeln, die dieses Geschäftsmodell vorantreiben und tragen sollen. Dass wir ihnen die Möglichkeiten geben zu wachsen, innovativer und kreativer nach vorne zu denken. Nicht jeder Mitarbeitende ist dafür geschaffen: Die einen begrüßen Neues als spannende Herausforderungen, die anderen sind damit komplett überfordert und verabschieden sich vorzeitig in den (inneren) Ruhestand. Hier muss man als Chefin einen Cut machen und sehr genau prüfen, wen man auf diese Reise in die Zukunft mitnehmen kann und wen eben nicht.

Ein Geschäftsmodell auf Zukunft und digitale Transformation zu trimmen, funktioniert nur mit einer den Wandel lebenden und mit einer die Veränderung umsetzenden Organisation. Auch hier ist Facebook/Meta mit seiner ganz eigenen Unternehmenskultur – übrigens ebenso wie Google, Apple oder auch Microsoft – ein gutes Beispiel dafür, wie man diesen Spirit der Veränderung in einem Unternehmen wecken und leben kann. Die von Zuckerberg bei Facebook ins Leben gerufene Hackerculture ist noch so ein schönes Beispiel. Der Meta-Chef glaubt an das Engagement seiner Mannschaft. Und: Er hat Vertrauen in seine Mannschaft. Das führt uns zu einem weiteren Aspekt eines Unternehmens der Zukunft: die partizipative Führung. Eine Führung, die auf Vertrauen und Empathie setzt. Die Mitarbeitende nicht durch eine Anwesenheitspflicht im Office kontrollieren muss, sondern weiß: Auch im Mobile Office werden Ergebnisse erzielt. Und die weiß: Egal, wo jemand wann sitzt und arbeitet, das Ergebnis ist entscheidend. Viele Unternehmen haben das bereits verstanden und ermöglichen diesen flexiblen Arbeitsstil. Andere zögern aber bis heute, führen weiterhin patriarchalisch top-down und verhindern so das, was es heute braucht, um morgen nicht in der Bedeutungslosigkeit zu verschwinden. Menschen wollen begeistert, mitgenommen und unterstützt werden. Das muss eine moderne Unternehmensführung möglich machen.

Nina sagt: In der Pandemie ist es deutlich schwerer, auf diese Weise zu führen. Es fehlt das, was wir oftmals in der Kaffeeküche oder auf dem Gang zwischen den Büros erledigen: der persönliche Austausch, die Nachfrage, ob es jemandem gut geht oder warum er oder sie so und nicht anders agiert hat. Bei Ratepay sind wir inzwischen wieder mindestens einen Tag pro Monat im Büro, organisieren regelmäßig Teamevents, um den Zusammenhalt, aber auch die Sichtbarkeit Einzelner wiederherzustellen. Virtuell ist dieses Miteinander, das für mich der Klebstoff für die Unternehmenskultur ist, kaum herstellbar. Letztlich wird es auf eine hybride Form des Arbeitens hinauslaufen.

Auch der Kampf um Köpfe beschäftigt uns und wird es in den kommenden Jahren noch stärker tun. Schon 1997 bezeichnete Steven Hankin von McKinsey das Problem, geeignete Mitarbeitende zu finden, als War for Talents und prägte damit einen Begriff, der für den heutigen Bewerbermarkt symptomatisch ist: Wir haben in Deutschland mit einem wachsenden Fachkräftemangel zu kämpfen und stehen – egal ob Konzern, Start-up oder Mittelständler – vor einem ausgemachten Ressourcenproblem. Die richtigen Talente, das richtige Team zu finden, ist daher ebenfalls eine Dimension, die Unternehmen beachten müssen. Es gibt sie ja, diese Talente – wenn man über die eigenen Landesgrenzen hinweg sucht und einstellt. In Deutschland ist das kein einfaches

Unterfangen: Will ich Programmierer in Indien beschäftigen, muss ich dazu nicht selten eine Niederlassung im Land vorweisen. Für ein Start-up eine finanzielle Hürde, die kaum zu überwinden ist. Auch sonst ist der bürokratische Begleitprozess in Deutschland kein leichter und macht es schwer, internationale Fachkräfte anzustellen. Im Wettbewerb um diese Fachkräfte setzen wir auf:

- ein Employer Branding, das die tatsächliche Unternehmenswelt spiegelt,
- Digitalisierung, die das Arbeiten überall auf der Welt ermöglicht,
- ein entsprechendes Talentmanagement, das die Profile identifiziert, die am besten in die Unternehmensrealität passen,
- ein attraktives Gesamtangebot, das Talente dort abholt, wo sie stehen,
- ein Managementteam, das partizipativ und mit Empathie führt,
- eine Kultur, in der man sich des permanenten Wandels bewusst ist,
- ein Mindset der Menschen, die Lernen und Veränderung als notwendige Entwicklung und Chance betrachten, und schließlich auf
- ein funktionierendes Retention-Management, das gute Köpfe bei Laune und im Unternehmen hält.

Beherrscht man dieses Ressourcen-Instrumentarium, dann hat man im War for Talents gute Karten. Und ist als Unternehmen für die Zukunft gut aufgestellt.

Natürlich sind wir auf unserem Weg auch an der einen oder anderen Krise nicht vorbeigekommen, haben Fehler gemacht und Federn gelassen. Und aus all diesen Kapiteln eine weitere wichtige Erkenntnis mitgenommen: Fehler oder Krisen lehren uns immer etwas. Immer dann, wenn wir unsere Komfortzonen verlassen, uns abseits der üblichen Pfade bewegen müssen, nehmen wir etwas mit. Können Situationen, Meinungen oder Herausforderungen anders oder neu beurteilen – schlicht, weil wir den Blickwinkel verändern, mit dem wir auf diese Herausforderungen blicken. Ein Lerneffekt, der nicht zu unterschätzen ist, wie unsere Krisengeschichten zeigen.

Wenn wir an die Zukunft denken, darf ein Thema natürlich nicht fehlen: Innovationen. Wir setzen darauf, dass wir uns – auch als Resultat der Pandemie – als Nation neu erfinden. Dass Deutschland sich wieder zum Innovationsweltmeister aufschwingen kann. Wenn dieses Land es denn möchte. Und auf moderne digitale Bildung ebenso setzt wie auf Strukturreformen, etwa im Hinblick auf flexiblere Arbeitszeitmodelle oder den Abbau bürokratischer Hindernisse.

Last but not least hoffen wir, dass wir Sie auch ein wenig unterhalten haben mit unseren Geschichten und Erzählungen. Danke für Ihr Interesse. Aber natürlich gibt es auch andere, bei denen wir uns gern bedanken möchten.

Und so sagen wir Dankeschön:

- unseren Teams und Kolleg:innen für ihr Vertrauen und die vielen kostbaren Momente im täglichen Alltag,
- Volker und Mico, die unseren Aktionismus nicht nur ertragen, sondern jeden Tag unterstützen, bedingungslos hinter uns stehen und uns Kraft geben,
- Hannah, Jonathan und Jacob für tägliche Inspiration und den ungestillten Hunger auf das Leben; ihr seid unser größtes Glück!,
- unseren Familien für den Rückhalt in herausfordernden Zeiten, die unendliche Geduld mit uns und den immerwährenden Zuspruch,
- unseren langjährigen und neu gewonnenen Freundinnen und Freunden, die uns in dieser Zeit begleitet und ermutigt haben,
- Susanne Bachmann für unermüdliche Stunden des Zuhörens und Einordnens,
- Barbara Klingelhöfer für den sehr guten und vor allem kritischen Blick über alle Texte,
- Caroline Wahl für die wertvolle Unterstützung bei allen Geschichten und die starken Nerven im Umgang mit allen Beteiligten,
- den Expert:innen für die verschiedenen Perspektiven, ihre spannenden Insights und Beiträge.
- Und schließlich dem Campus-Verlag für das große Vertrauen in uns.

Die Autorinnen

© Ratepay

Miriam Wohlfarth ist eine der ersten weiblichen Fintech-Gründerinnen in Deutschland. 2009 gründete sie den Zahlungsdienstleister Ratepay, der heute über 300 Mitarbeiter beschäftigt, und 2020 das erfolgreiche Fintech Banxware. Sie ist Mitherausgeberin des Spiegel-Bestsellers *Die Zukunftsrepublik*.

© Ratepay

Nina Pütz ist CEO von Ratepay. Zuvor war sie als CEO und Managing Director bei dem Online-Shopping-Club brands4friends tätig, außerdem in verschiedenen leitenden Funktionen bei dem Online-Marktplatz Ebay.

Marie-Christine Ostermann, Celine Flores Willers, Miriam Wohlfarth, Daniel Krauss, Andreas Rickert, Hauke Schwiezer (Hg.).
Zukunftsrepublik
80 Vorausdenker*innen springen in das Jahr 2030

2021. 349 Seiten. Gebunden

Auch als E-Book erhältlich

Kreativ vorausgedacht!

Um ein Land zukunftsfähig zu machen, braucht es vor allem eines: kreative Köpfe, die über das Morgen hinausdenken. Darum haben die Herausgeberinnen und Herausgeber 80 herausragende Persönlichkeiten zusammengebracht, die unsere Zukunft mit ihren Ideen entscheidend prägen werden.

Das Buch ist ein Feuerwerk an Zukunftsvisionen, persönlichen Einschätzungen und Wegweisern für die sechs Kategorien Bildung, Wirtschaft, Arbeit, Gesundheit, Politik und Gesellschaft.

campus.de

Frankfurt. New York